JN039232

APIではじめる ディープラーニング・アプリケーション開発

キャッツ株式会社［編］
渡辺政彦・坂本 伸・森嶋晃介・柳澤伸紘・李 乃駒［共著］

はじめに

「ディープラーニングを使いこなすことは難しい」と考えていませんか？

Python、Java、JavaScript、C# といった一般的なプログラミング言語のコーディングの知識と、情報工学の基礎的な知識を身につけていれば、決してそんなことはありません。アプローチのしかたを変えれば、簡単に、ディープラーニングを用いて身のまわりを便利にするアプリケーションをつくることができます。

本書は、API（アプリケーション・プログラミング・インターフェース）を使って、ディープラーニングを手軽に使ってみることを主眼においています。すなわち、すでに学習済みのニューラルネットワークを利活用する方法を、実際にプログラミングして、動かして体験しながら理解していただくことを趣旨にしています。したがって、最先端の機械学習のハッカーがしのぎを削るハイパーパラメータの設定方法などには一切触れていません。

なぜなら、学習済みのニューラルネットワークを利用できる環境は日進月歩で充実してきています。これを踏まえれば、一からつくることなく、これらを利活用して、簡単かつ短時間でディープラーニングを使ったアプリケーションソフトウェアを構築するほうに力を入れるほうがよいのではないでしょうか。

本書はこれからディープラーニングに取り組もうとする皆さんに、このような提案をするものです。以下に、本書の内容構成を示します。

まず第1部では、API とディープラーニングをわかりやすく説明することを目指しました。機械学習自体の幕開けの象徴である、グーグル社とスタンフォード大の方々が書かれた有名な「グーグル猫」の論文を取り上げ、数式を用いずにこの論文の概要を解説することで、ディープラーニングの「いろは」がわかるように努めました。

次に第2部では、Python、Java、JavaScript、C# といった一般的なプログラミング言語で、API を利用する際の基本的なコーディングについて解説しています※。

そして、第3部では、以下の2つの利活用シーンについて具体的に解説しています。

※ ・本書の記述内容等を利用する行為やその結果に関しては、著作者および出版社では一切の責任をもちません。
・本書の解説内容をお手元の PC で実行するには、多岐にわたる知識が必要ですが、到底1冊でまとまるものではなく、読者の方々の知識量も千差万別のことでしょう。お手数ですが、他の専門書・専門記事等も、必要に応じてご参照ください。

(1) テスト採点の自動化

誰もが働きやすい職場の整備は、教育現場でも求められています。このシーンでは、教育現場で教師が、授業の用意や研修、出張、配布プリントの作成といったさまざまな業務に追われているときに便利なアプリについて解説しています。

(2) 会話による健康管理サポート

人生100歳時代を迎え、健康管理は大切だとは思うのですが、なかなか面倒です。このシーンでは、健康管理に便利なアプリについて解説しています。

本書が機械学習の専門家ではない一般的なプログラマの方々が、これまでなかなか実現が難しかったようなサービスを、ディープラーニングを利用したAPIを用いることで、実現できるきっかけとなれば執筆者全員にとってこのうえない幸いです。

2019年12月

著者記す

目　次

第2部 API呼び出しのポイント

第3部 いますぐできる2つの活用シーン

COLUMN

【本書ご利用の際の注意事項】

本書で解説している内容を実行・利用したことによる直接あるいは間接的な損害に対して、著作者およびオーム社は一切の責任を負いかねます。利用は利用者個人の責任において行ってください。

本書に掲載されている情報は、執筆時点のものです。実際に利用される時点では変更されている場合がございます。とくに、各社が提供しているAPIは仕様やサービス提供に係る変更が頻繁にあり、Pythonのライブラリ群等も頻繁にバージョンアップがなされています。これらによっては本書で解説しているアプリケーション等が動かなくなることもありますので、あらかじめご了承ください。

本書の発行にあたって、読者の皆様に問題なく実践していただけるよう、できる限りの検証をしておりますが、各章、シーンの冒頭に記載している環境以外ではそれぞれ構築・動作を確認しておりませんので、あらかじめご了承ください。

- 本書では各ファイルについて、拡張子を含めて記載しています。Windows 10のデフォルト設定では、ファイルの拡張子が非表示になっていますので、ファイルの拡張子を以下の手順で表示させるようにしてください。
  1. ホーム画面下部のタスクバーから「エクスプローラー」を起動します。
  2. 現れたウィンドウの上のほうにある「表示」をクリックします。
  3. 現れたサブメニューにある「ファイル名拡張子」にチェックを入れます。

- 本書に掲載しているソースコードは、オーム社のWebページからダウンロードできます。
  1. オーム社のWebページ「https://www.ohmsha.co.jp/」を開きます。
  2. 「書籍検索」で『APIではじめるディープラーニング・アプリケーション開発』を検索します。
  3. 本書のページの「ダウンロード」タブを開き、ダウンロードリンクをクリックします。
  4. ダウンロードしたファイルを解凍します。

- 本書に掲載しているソースコードの再配布・利用については以下のとおりとします。
  1. ソースコードの著作権はフリーとします。個人・商用にかかわらず自由に利用いただいてかまいません。
  2. ソースコードは自由に再配布・改変していただいてかまいません。
  3. ソースコードは無保証です。ソースコードの不具合などによる損害が発生しても著作者およびオーム社は一切の補償ができかねますので、あらかじめご了承ください。

第 1 部

API とは？
ディープラーニングとは？

第 1 部では、ディープラーニングの成果を利用できる API でアプリケーションを作成するための基礎知識として、1 章で API、2 章でディープラーニング、3 章で API を用いたディープラーニングについて、1 からわかりやすく解説します。

1章

APIの原理

APIは**アプリケーション・プログラミング・インタフェース**を略した言葉です。

単語で分解すると、「アプリケーション」「プログラミング」「インタフェース」になります。したがって、それぞれの用語を理解することで、APIとは何かを知ることができます。

1-1　インタフェース

最初に**インタフェース**が何であるかを考えてみましょう。身近にあるテレビ、エアコン、自動車を例にします。テレビで番組を見よう、エアコンをつけよう、としたときに普通使うものはリモコンですよね。つまり、この場合、テレビやエアコンと、それを使う人間の間にあるリモコンが、インタフェースです。同様に、自動車のインタフェースはハンドル、アクセルペダル、そしてブレーキペダルなどになります。

テレビがどのようにして番組を映し出すのかを知らなくても、私たちはその放送を楽しむことができます。エアコンの原理を知らなくても、リモコンを使って快適な室温にすることができます。自動車でも、免許をとる必要がありますが、自動車の動作原理を知る必要はなく、ハンドル、アクセルペダル、ブレーキペダル、ルームミラー、サイドミラーといったインタフェースを使いこなすことで運転することができます。

上記のリモコン、ハンドル、アクセルペダル、ブレーキペダルなど人間と機械の間で操作を行うための装置を、ヒューマンマシンインタフェース（HMI）とよびます。また、テレビ番組を見る、室温を最適にする、移動するなど、人間とサービスの間をやりとりすることから、ユーザーインタフェース（UI）ともよびます。また、プログラムどうしでやりとりするものはプログラミングインタフェースとよびます。

●猫じゃらしは人と猫のインタフェース●

PCは、キーボード、マウス、マイク、ジョイスティックなど、たくさんのインタフェースをもちます。そしてこれらをPCに接続するポート（端子）の1つにUSBがあります。USBとはPCと周辺機器をつなぐ通信プロトコルです。ここで、プロトコルとは、機器どうし双方が理解するための規約や手順のことです。USBの通信プロトコルには最大通信速度12 MbpsのUSB 1.1、480 MbpsのUSB 2.0、そして5 GbpsのUSB 3.0があります。なお、USBは下位互換性があるので、USB 3.0の機器をUSB 1.1のポートに接続することができます。この場合、通信速度は最大12 Mbpsと下位の通信プロトコルになります。

しかし、USBの通信プロトコルを知らなくても、私たちは、ディスプレイとキーボードとマウスがあればPCを操作することができます。

●マウス操作は得意にゃ●

このように、インタフェースは、中身の詳細を知らずに、ブラックボックス化して利用することができる大変便利なしかけです。過去のある日、アナログ放送からデジタル放送に切り替わりましたが、それ以前と同様のリモコン操作でテレビ番組を見ることができています。同じように、ある日、ガソリン車から電気自動車に買い替えても、以前と同様のハンドル、アクセルペダル、ブレーキペダルの操作で自動車を動かすことができます。また、きっと、PCのベースが従来の電子からあるとき量子に変わっても、私たちは相変わらず、ディスプレイとキーボードでPCを操作できるでしょう。

インタフェースはとても重要な概念です。実際、いわゆるガラケーユーザーがスマートフォンを使うときのまごつき、普段iPhoneを使っている人がAndroidを使うときの違和感、Windows PCに慣れている人が、Mac PCを操作するときの戸惑いなどは、ユーザーインタフェースが異なることが主な原因です。

では、ワードやエクセルなどのアプリケーションソフトウェアをWindows PCとMac PCで操作するときはどうでしょうか？　また、たとえば東海道・山陽新幹線を予約する公式スマホアプリ「EX予約アプリ」をiPhoneとAndroidで動作させるとどうでしょうか？　ワードやエクセルなどのアプリケーションソフトウェアはWindows PCでも、Mac PCでも、ほぼユーザーインタフェースが同じですし、「EX予約アプリ」はiPhoneでもAndroidでも同じユーザーインタフェースです。プログラムどうしでやりとりを行うプログラミングインタフェースも多数の種類があり、使い方が規定されています。

続いて、APIの“A”である「アプリケーション」（アプリ）についてみていくことにしましょう。

1-2　アプリケーション

APIの“A”は、アプリケーションの頭文字を指します。**アプリケーション**は、スマホでは**アプリ**とよばれ、基本的に画面上のアイコンをタップすることで起動します。

●アプリでツイートするにゃ●

アプリケーションはソフトウェアなのでアプリケーションソフトウェア、アプリケーションソフト、アプリソフトなどともよばれます。

また、アプリケーションを日本語に訳すと「応用」になります。「応用」があるのですから、「基本」もあるわけですが、「基本」はOS（Operating System：オペレーティングシステム）、または基本ソフトとよばれるものです。iPhoneならiOS、XperiaやGalaxyならAndroidがOSになります。PCならWindows、Mac OSやLinuxがOSです。この基本ソフト上で動作する「応用」ソフトがアプリケーションになります。

アプリケーションとOSの構造を次ページの図に示します。アプリケーションはOSとインタフェースをとることで、ハードウェアの細かなしくみを知らずに開発できます。いわば、OSがハードウェアを隠してくれるので、アプリケーションの開発において直接ハードウェアを意識する必要がないのです。しかし当然ですが、複数のOSに対応するには複数のインタ

フェースに対応する必要があります。WindowsとAndroidにそれぞれ対応したアプリケーションを開発するには、それぞれのOSのインタフェースに合わせることが必要になります。また、OSのバージョンアップでインタフェースが変更されたときには、それに追従しないと、最新OSでは動作しないアプリケーションになってしまいます。

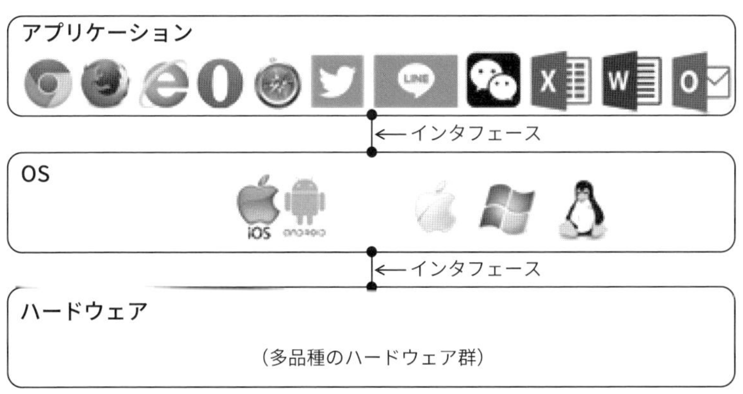

●アプリケーションとOSの構造●

ふだんは意識されていない方も多いとは思いますが、Webブラウザはユーザーインタフェースであり、プログラムどうしのプログラミングインタフェースの機能もあります。そこでWebブラウザをインタフェースにして、OSを意識することなくアプリケーションを開発しようとする動きがあります。このような、Webブラウザをインタフェースにしたアプリケーションを、**Webアプリケーションソフト**、またはWebアプリとよびます。確かに、Webブラウザにも複数の種類がありますが、Webブラウザのインタフェースは共通化されているなら、ブラウザごとにアプリケーションを開発する手間は必要がないのです。

それなら今後のアプリケーション開発は基本的にWebアプリにしようという流れになりそうです。しかし、残念ながら、実際にはWebブラウザのインタフェースは完全には統一されていないため、現状では各ブラウザの癖を知る必要があります。また、OS＋ブラウザの上にアプリケーションを載せるので、処理速度の問題も発生します。一方、問題はどんどん改善されているので、今後はやはりWebアプリが主流になるかもしれません。

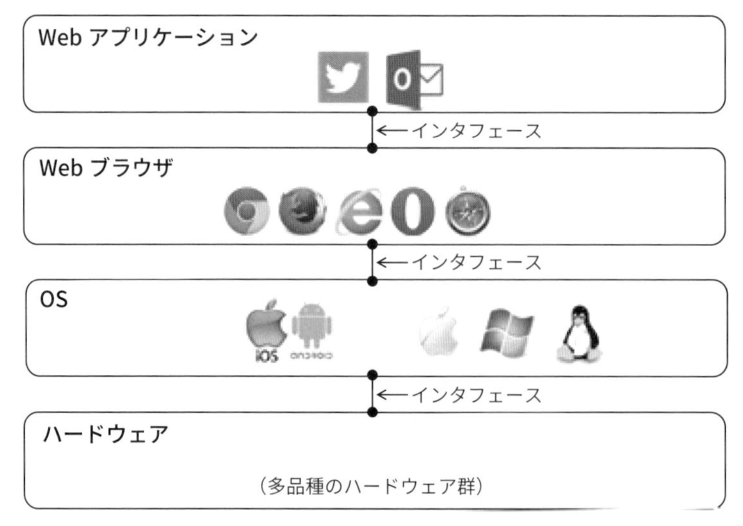

●Web アプリケーションのしくみ●

このようにニュースをみたり、ツイートしたり、メールすることができるようにするアプリケーションは、OS や Web ブラウザ上で動作するように開発されたソフトウェアです。

そして、ソフトウェアの開発には、何かプログラミングが必要になります。では、次に API の“P”であるプログラミングについてみてみましょう。

1-3　プログラミング

アプリケーションを開発するのに必要となるスキルの１つがプログラミングです。**プログラミング**とは、プログラミング言語を用いて、ソースコードを作成し、それをコンピュータ上で正しく動作させることです。このプログラミング言語には Python、Java、JavaScript、C# 等のたくさんの種類があります。プログラミング言語により、プログラムを作ります。

上記の４つのプログラミング言語は、あらかじめどのような OS でも動作できるようにされています。これを端的に表す Java の WORA（Write Once, Run Anyware：一度書けばどこでも動く）はサン・マイクロシステムズ（2010 年にオラクルに吸収）の有名なスローガンです。

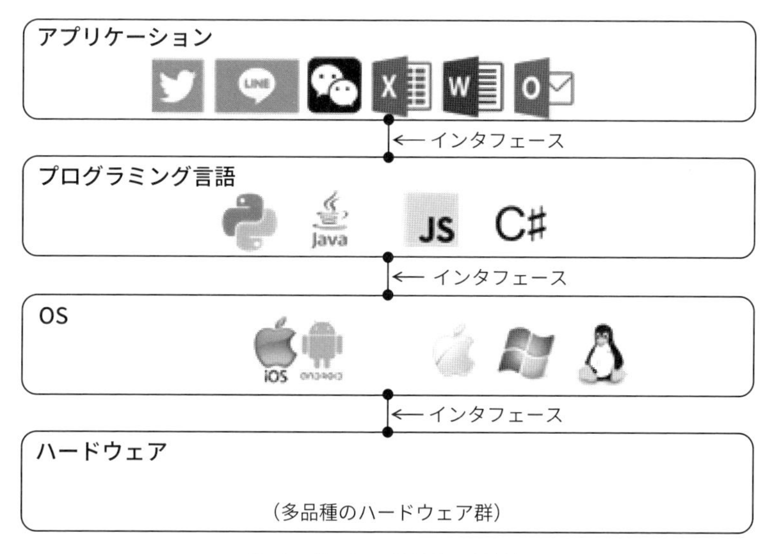

●プログラミング言語の役割●

アプリケーションが動作する環境を**プラットフォーム**とよびます。Javaであれば、OS上で動くJava VM（Virtual Machine：仮想マシン）がプラットフォームになります。プログラミング言語によってはプラットフォームも提供します。また、Java VMにより、Javaは、OSをほとんど意識せずにプログラミングができます。このため、プログラミング言語自体をプラットフォームとよぶこともあります。

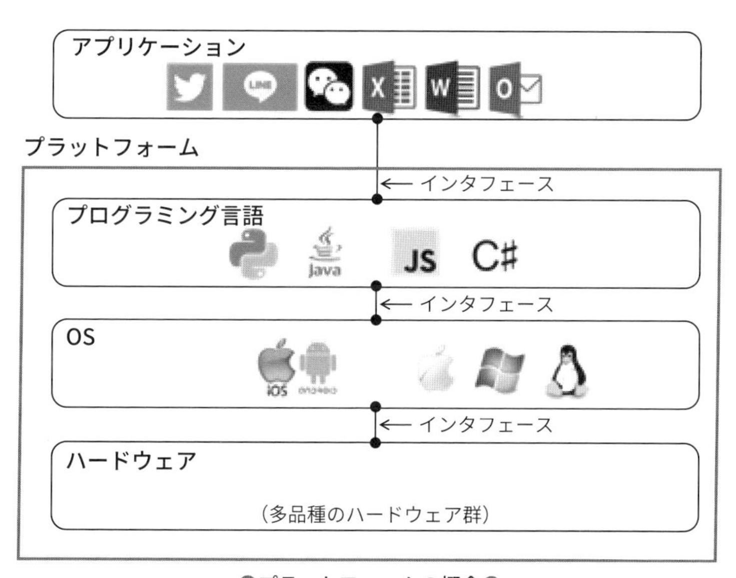

●プラットフォームの概念●

また、プログラミングをするためにはソースコードを入力するためのエディタ、プログラムをコンピュータ上で実行するためのコンパイラやインタプリタ、そしてデバッグするためのデバッガなどが必要になります。このようなプログラミング作業をするための環境をSDK（Software Development Kit：ソフトウェア開発キット）やIDE（Integrated Development Environment：統合開発環境）とよびます。

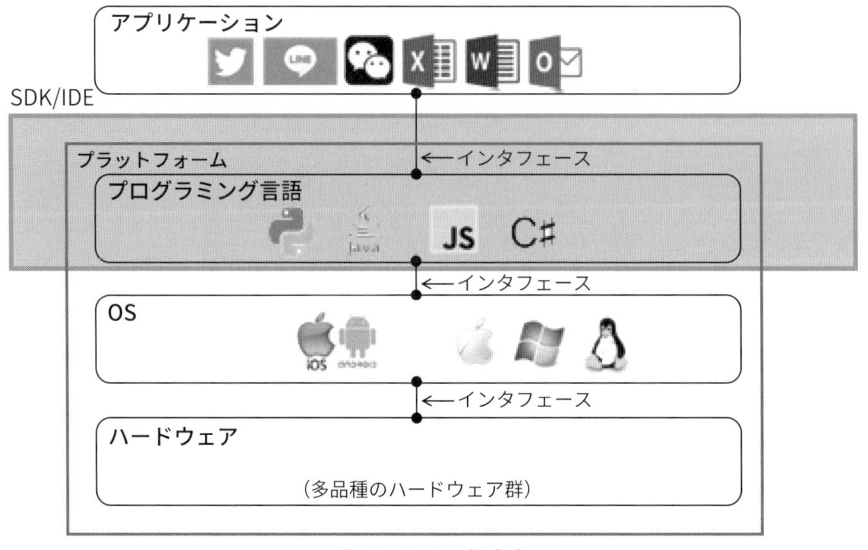

● SDK/IDE の概念●

また、それぞれのプログラミング言語には、すべてを一から自分で開発しなくても済むような、いわば、さまざまなシーンで使える共通部品が用意されているものもあります。このような共通部品を**フレームワーク（ライブラリ）**とよびます。

ディープラーニングを解説した書籍などに登場する、Caffe、Chainer、TensorFlowなどは、共通部品であるフレームワークの名称です。Caffeの対応プログラミング言語はC++言語とPythonです。ChainerはPythonです。TensorFlowはC言語、C++、Python、そしてJavaに対応しています。このように、これらのフレームワークすべてに使えるプログラミング言語がPythonなので、Pythonは最近人気急上昇な言語です。

フレームワークにはたくさんの種類があり、よく使われるものが多数あります。たとえば、WebアプリケーションのフレームワークとしてはApache StrutsやSpring Frameworkが有名です。なぜなら、従来、Webアプリケーションを開発するには、多くのソースコードを書く必要がありました。しかし、これらの登場により、共通部品を利用できるようになりました。すなわち、プログラミングの際には、これらの便利なフレームワークをよぶスタイルとなり、生産性が上がりました。ただし、この恩恵にあずかるには、これらのインタフェースを学ぶ必要があります。つまり、これらのAPIをどれだけ知っているかが、現在ではWebアプリケーションをどれだけ効率的に開発できるかの鍵になっています。

さて、ここでAPIが出てきましたね。インタフェース、アプリケーション、プログラミングと解説してきました。これらをまとめて整理して、APIとは何かを次でまとめます。

1-4　APIのまとめ

ソフトウェア（プログラム）が、共通部品であるソフトウェア（プログラム）をブラックボックスで呼び出すことで、共通部品の機能・サービスを利用できるしかけが**API**です。APIはPython、Java、JavaScriptそしてC#などでプログラミングすることで利用できます。

テレビのしくみを理解できなくても、リモコンを操作するだけでテレビ番組を見ることができるような利便性を、APIはソフトウェアプログラムに提供します。

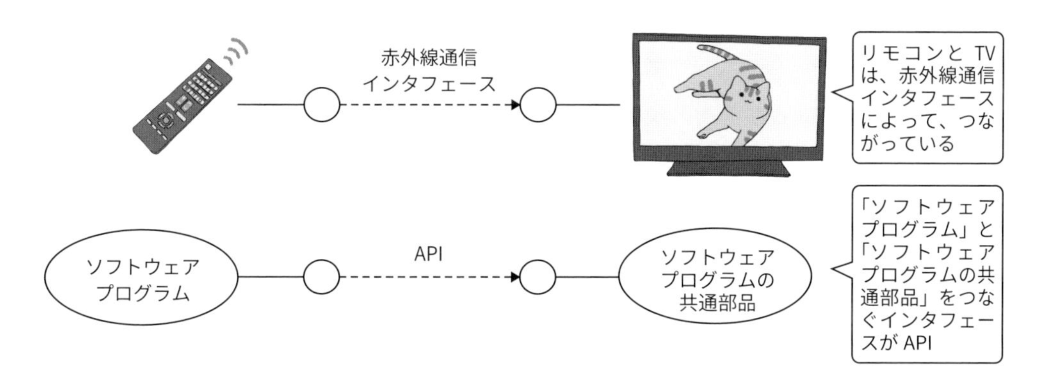

● API ●

《ネコの寄り道》フレームワークとライブラリの違い　COLUMN

フレームワークでは、自分のソースコードが呼び出されます。対して、**ライブラリ**は、自分のソースコードからライブラリを呼び出すものです。

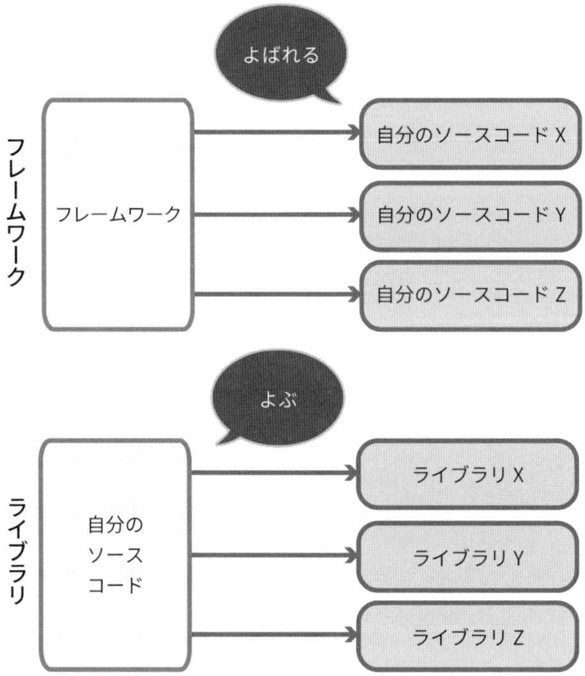

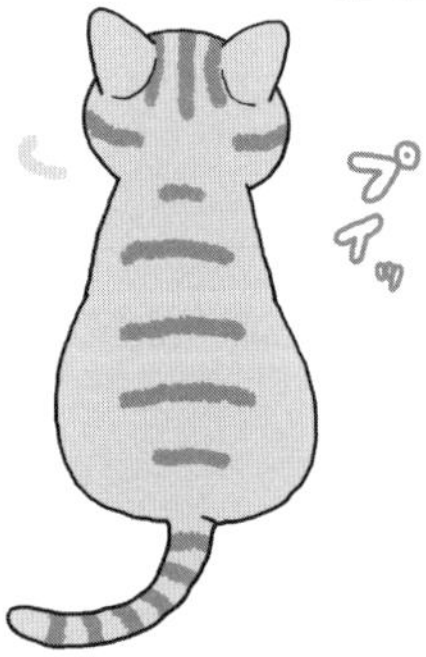

●よんでも……知らんふり●

2章 ディープラーニングの原理

ディープラーニング、またの名を深層学習の進化がすごいことになっています。巷にはこの関係の書籍がたくさんあります。そこで本書では、ディープラーニングの原理を「グーグル猫」をひも解くことで、理解しようじゃないかというアプローチをとります。この2章を読むことで、どうやってディープラーニングが画像を学習し、認識するのかの概要をつかむことができます。

2-1 グーグル猫

グーグル猫は2012年にスコットランドで開催された第29回機械学習国際学会の論文に登場します。論文のタイトルである“Building High-level Features Using Large Scale Unsupervised Learning”でググるとこの論文[1]を見つけることができます。これを、グーグル翻訳で日本語にすると「大規模な教師なし学習を用いた高水準な機能の構築」となります。

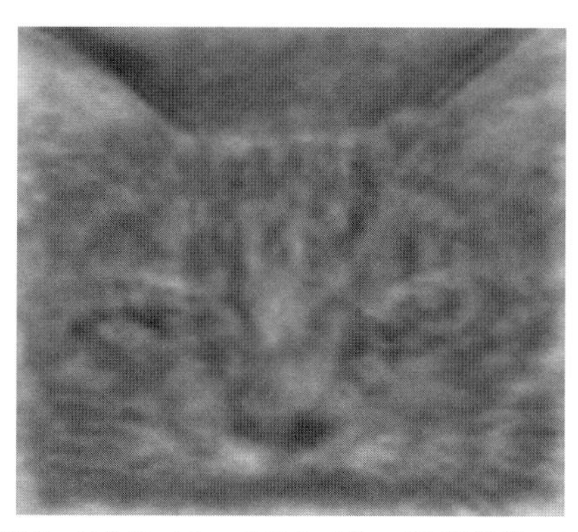

●わたしがグーグル猫です。よろしくね。（画像提供：Google）●

「教師なし学習」と、この論文にあるように、ディープラーニングには教師あり学習と教師なし学習があります。文字どおり、**教師あり学習**では人（教師）がコンピュータに写真を見せて、それが何かを教えます。したがって、写真が膨大になると、人がそれは何かをコンピュータにいちいち教える必要があるので手間がかかります。一方、**教師なし学習**は写真を見せるだけで、何も教えません。コンピュータが勝手に学習してくれるので、教える手間がいらなくなります。

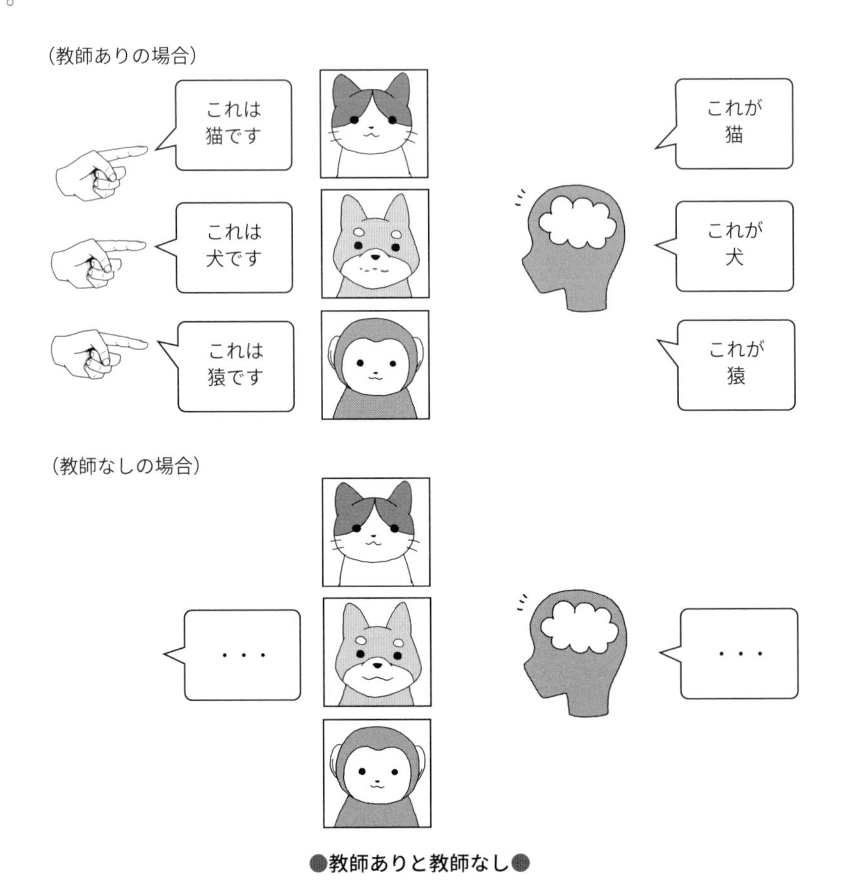

●教師ありと教師なし●

「グーグル猫」の論文では、コンピュータが勝手に、ただ写真を見せるだけで「猫」を認識したというのですから世の中はびっくり仰天です。しかし、ここでよく誤解されていることがあります。それは、＜「猫」を認識する＞という部分です。グーグルのディープラーニングは、「猫」そのものの概念を認識したのではありません。つまり、猫は干支には入ってないよねとか、猫はマタタビが好きだよねとか、猫の爪は隠れるとか、そんな「猫」に関する関連知識を認識したのではありません。もっというと「猫」という言葉、言語、単語も理解していません。では、何を認識したのでしょう。それは、猫の写真に反応するニューラルネットワーク（神経回路網）を教師なしでつくり出すことです。

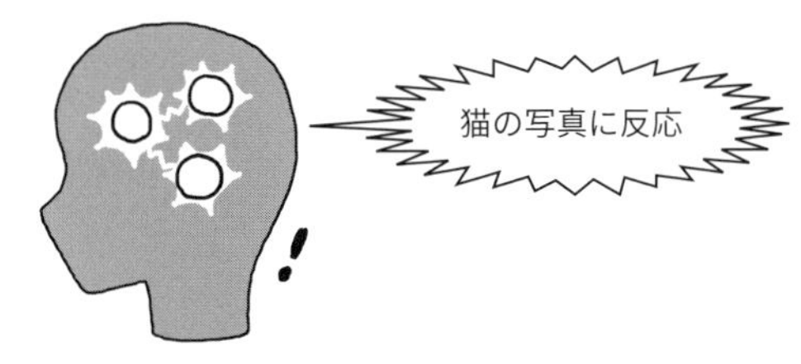

●猫の画像に反応する神経回路網のイメージ●

2-2 論文「大規模な教師なし学習を用いた高水準な機能の構築」の概要

では、グーグルの論文からディープラーニングの原理を理解しましょう。以下にグーグルの論文[1]の概要を紹介します。おそらくディープラーニングを知らない人には「何それ？」の箇所をゴシック系の文字にしています。後でゴシック系の文字については解説するので、まずは安心して概要を一読してください。

高レベルのクラス固有の特徴検出器をラベルなしのデータのみから構築する問題を考えます。

たとえば、ラベルのない画像だけを使用して顔検出器を学習することは可能でしょうか？

これに答えるために、膨大な画像データセットでプーリングと局所コントラスト正規化を備えた9層のローカルに接続されたスパースオートエンコーダを訓練します。

モデルは10億の接続をもち、データセットはインターネットからダウンロードした200×200画素の画像を1,000万個もっています。

このネットワークは、1,000台（16,000コア）のクラスタで3日間、モデルの並列処理と非同期SGD（確率的勾配降下法）を使用してトレーニングします。

われわれの実験結果は、顔が含まれているか否かにかかわらず、画像にラベルを付けることなく、顔検出器を訓練することが可能であることを明らかにしました。

対照実験は、この特徴検出器が移動だけでなく拡大/縮小および回転に対しても頑強であることを示しました。

同じネットワークは、猫の顔や人体などの他の高レベルな概念にも敏感です。

これらの学習された機能から始めて、私たちはネットワークを訓練して、ImageNetの22,000のオブジェクトカテゴリを認識して15.8%の精度を得ました。これは、従来の最先端技術に比べて70%の相対的な改善です。

2-3　特徴検出器をラベルなしのデータのみから構築する

特徴検出器とは「猫」「犬」「猿」などの画像からそれぞれの特徴を学習することででき上がるニューラルネットワーク（神経回路網）です。ここで「ラベルなしのデータから特徴検出器を構築する」とは、2-1節で解説した「教師なし学習」でニューラルネットワークを構築するということを意味します。

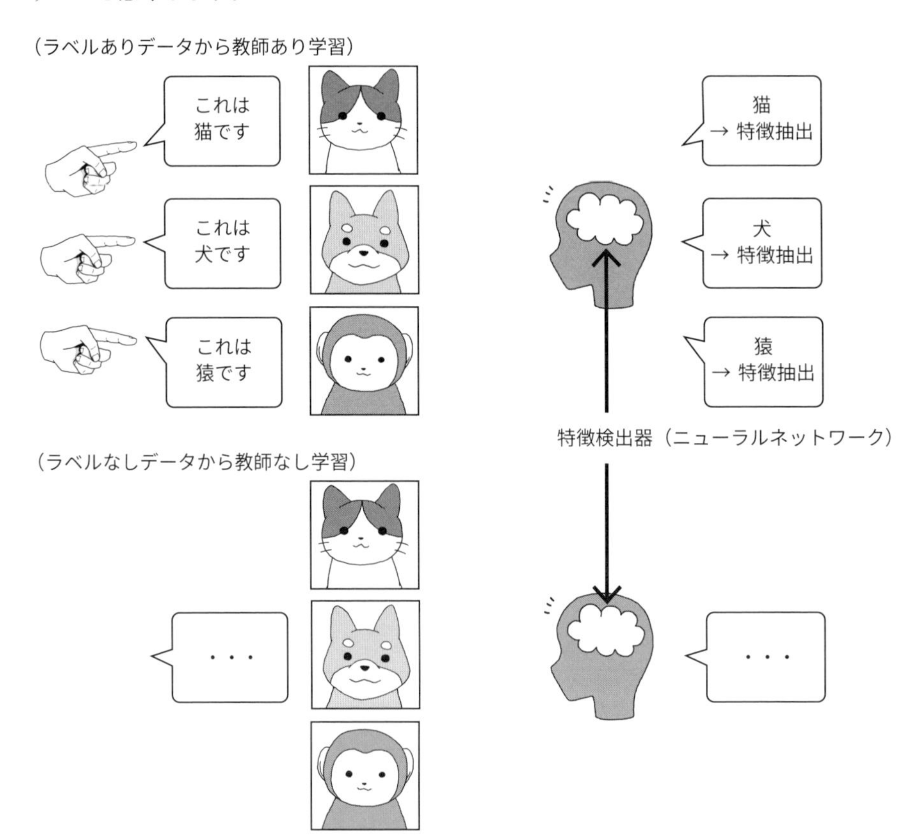

●特徴検出器はそれぞれの特徴を学習してでき上がるニューラルネットワーク●

構築されたそれぞれの特徴検出器（ニューラルネットワーク）にそれぞれの画像を与えると、学習した特徴から推論を行います。たとえば、猫、犬、猿の大量データで構築された特徴検出器に、熊の画像を見せると、ニューロン（神経細胞）の反応は鈍くなり、特徴検出がうまく機能しません。

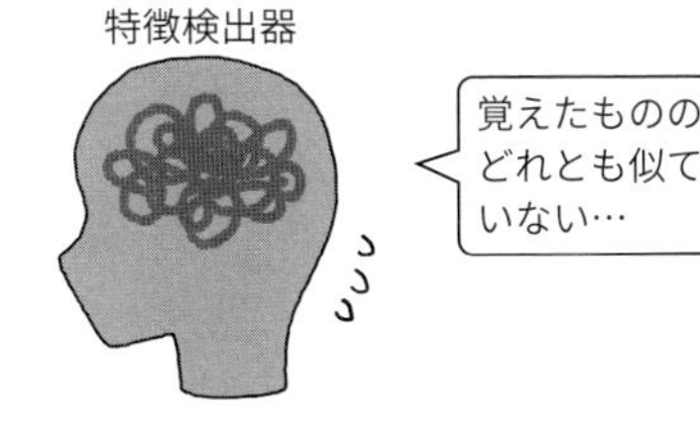

●えー　なんだこいつ●

つまり、グーグルの論文では、構築された特徴検出器がもっとも反応した猫の画像が11ページにある画像だったのです。グーグルの研究チームは11ページの猫の画像に敏感に反応するニューラルネットワークをデータラベルなし、つまり教師なしで構築できたのです。

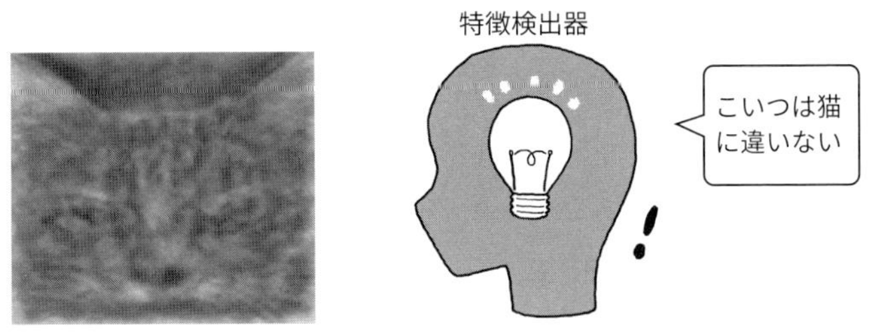

●ねこ！（左の画像提供：Google）●

しかし、ラベルなしのデータから特徴を自己学習できるのでしょうか？　それを可能にした技術がオートエンコーダです。

何それ？　ですよね。次節では、2章以降でたくさん出てくる専門用語をできる限り図と文で説明したいと思います。

2-4　基本をおさえる

膨大な画像データセットでプーリングと局所コントラスト正規化を備えた9層のローカルに接続されたスパースオートエンコーダを訓練します。

何をいっているのでしょう？　これは宇宙語なのでしょうか？　1つひとつ撃破していきましょう。「膨大な画像データセット」とは、インターネットからダウンロードした、それぞれ200画素×200画素をもつ、1,000万個の画像データのことです。では、プーリング？　局所コントラスト正規化？　なんじゃそれ？　ですよね。これらを理解するために、ディープラーニングの基本的な部分をおさえておきましょう。

2-5　ニューラルネットワークモデル

従来は、エンジニア（人）がビッグデータを解析し、その制御モデルを設計していました。また、エンジニアが熱伝導や空気抵抗などの物理現象を数式化し、そのモデルを設計しました。ところが、認識系、つまり画像認識や音声認識などはうまく数式化することができません。そもそも人がどのように画像を認識しているかがまだ解明されていないからです。

しくみは解明されていないですが、人は画像を認識する能力をもっています。そこで、人の脳の構造を模倣することにしたのです。つまり、**ディープラーニング**（**深層学習**）では、ニューロン（神経細胞）をネットワーク化した**ニューラルネットワーク**（**神経回路網**）をモデルにして、膨大なデータを与えて学習させるアプローチをとります。

そして、従来のエンジニアの仕事をニューラルネットワーク（神経回路網）の学習にまかせ、エンジニアはニューラルネットワークそのものを設計することになります。

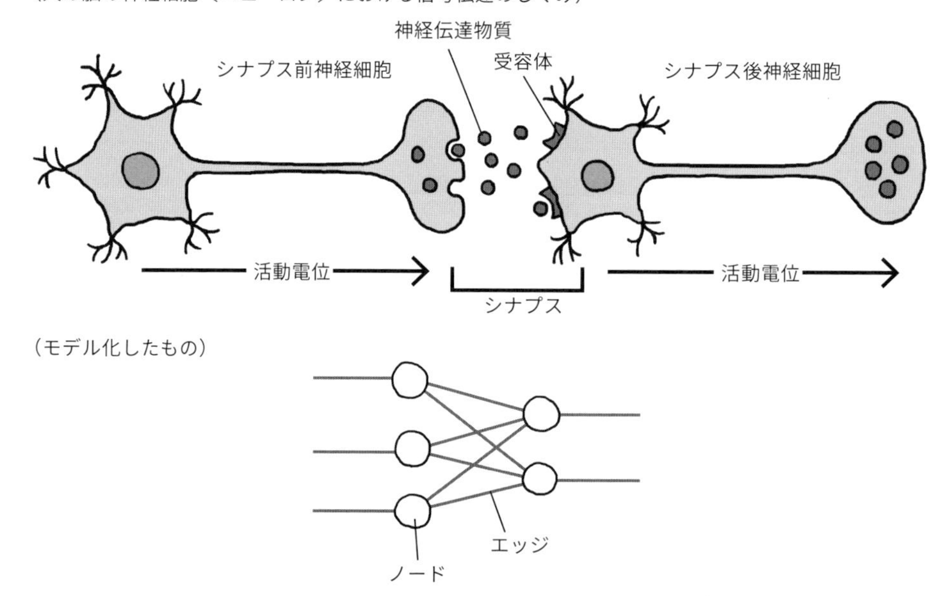

●ニューラルネットワーク（神経回路網）をモデル化 [2] ●

実際に、人の脳をモデル化するには、神経細胞（ニューロン）をノード（○）、シナプス（情報伝達のための接触構造）をエッジ（－）として、モデリングする方法があります。

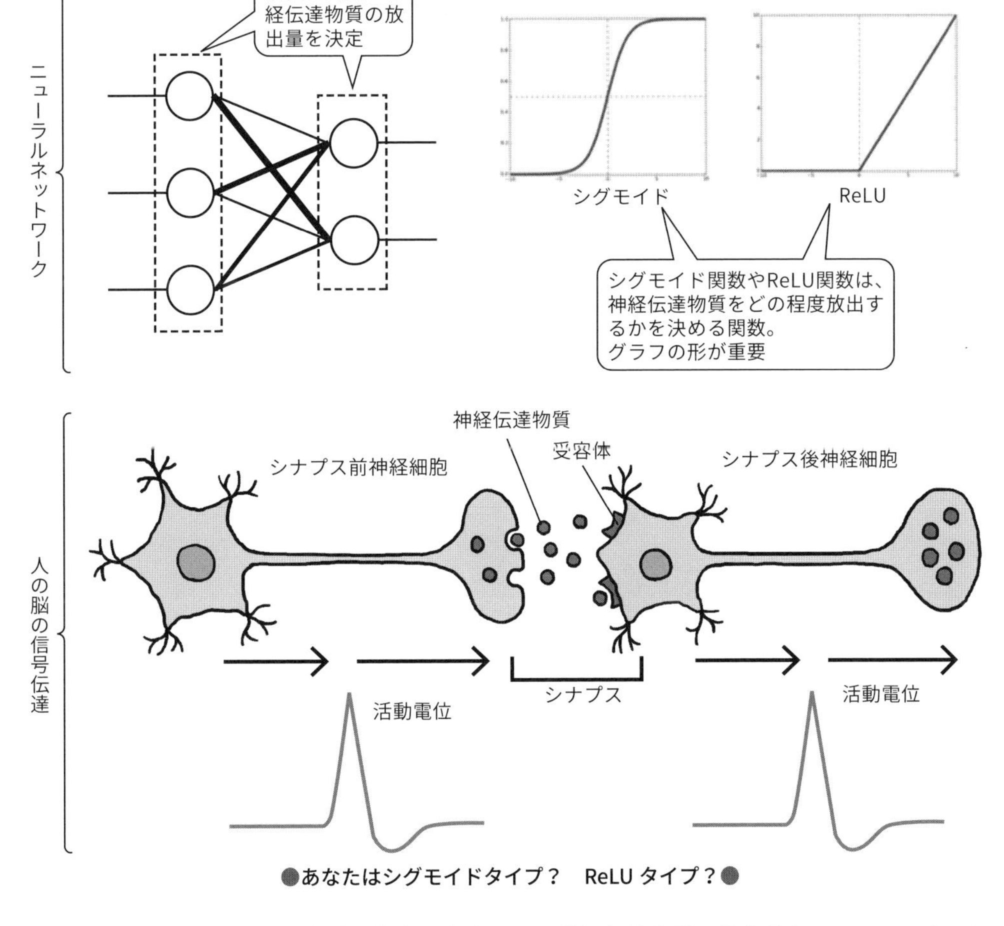

●あなたはシグモイドタイプ？　ReLU タイプ？●

人の神経細胞は神経伝達物質を放出します。この神経伝達物質の放出量がニューラルネットワーク（神経回路網）の結びつきの強度となります。そこで、放出量をどれくらいにするかを決める数式（**活性化関数**）を定義します。

すなわち、エッジに入力される値のすべてを計算し、活性化関数を実行してノード（神経細胞）から次のノード（神経細胞）への出力値（神経伝達物質量）を決定するというしくみとします。

ここで、活性化関数にはいくつかの種類があります。代表的なものとしては**シグモイド関数**（sigmoid function）や **ReLU 関数**があります。これらの関数によって学習曲線が表されます。人の場合でも、最初はよくわからなくてもがんばって勉強していると、あるとき「あぁ～そうか」と理解が進みますよね。その進み具合をグラフで表しているのです。シグモイド関数を使うと、徐々に理解して、ある閾値（境界線）を超えるとググっと理解度が深まり、そしてサチ（saturation：飽和する）ります。対して、ReLU 関数を使うと、ずーっとできなくて、ある日突然目覚めたように、ぐんぐんと成績が上がるタイプとなります。なお、グーグル猫はシグモイド関数を使用しているそうです。

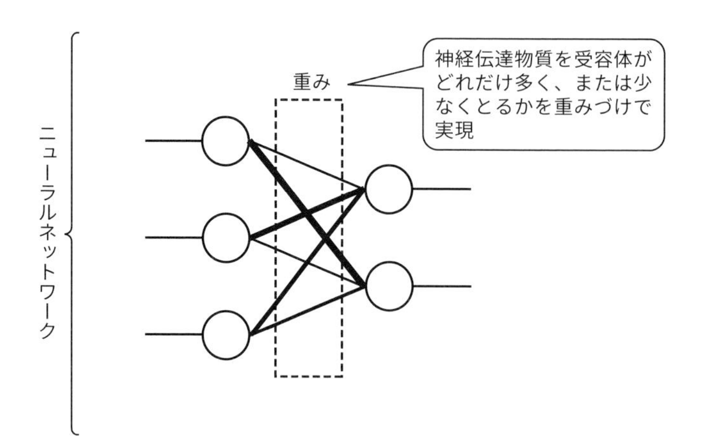

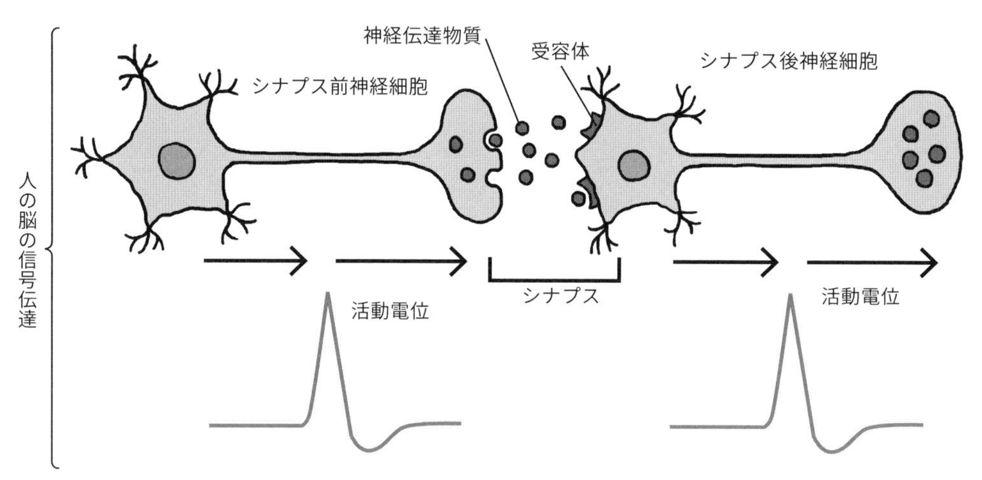

●やる気がなければドーパミン（神経伝達物質の１つ）を増やせ！●

こうして、活性化関数で計算された量の神経伝達物質が放出されます。受け手側が、放出された神経伝達物質をどれくらい受け取るかを決めるのが**受容体**です。神経伝達物質を受容体がどれだけ多く、または少なく受け取るかをエッジの重み付けで実現します。

重みは通常０から１の間の値をかけます。0.1とか0.5とかです。重み0.5だと重み0.1よりも神経伝達物質を多く受け取ることになり、その分、ニューラルネットワーク（神経回路網）が活性化します。

2-6　9層の10億接続されたモデル

グーグル猫のモデルは9層の10億接続されたニューラルネットワークです[3]。従来の機械学習ではネットワークの層はかなり薄く、4層以上ですでにディープ（深い）ネットワークとよばれますから、グーグル猫のモデルはかなりディープです。このかなりディープなネットワークの中の、人工神経細胞の1つが、猫の写真に強く反応しました。こうした反応は人の脳内では、特異的に活動する神経細胞で、非公式的に「おばあさん細胞」として知られる神経科学的推測によって引き起こされます。脳科学辞典[4]ではこの**おばあさん細胞**を以下のように解説しています。

> 脳の中には自分のおばあさんを見たときだけに特異的に活動する単一、または少数の細胞が存在し、この細胞の活動が自分のおばあさんの対象認識に対応するという仮説。神経細胞活動による情報の符号化の議論において引用される概念である。視覚対象認識において用いられることが多い。

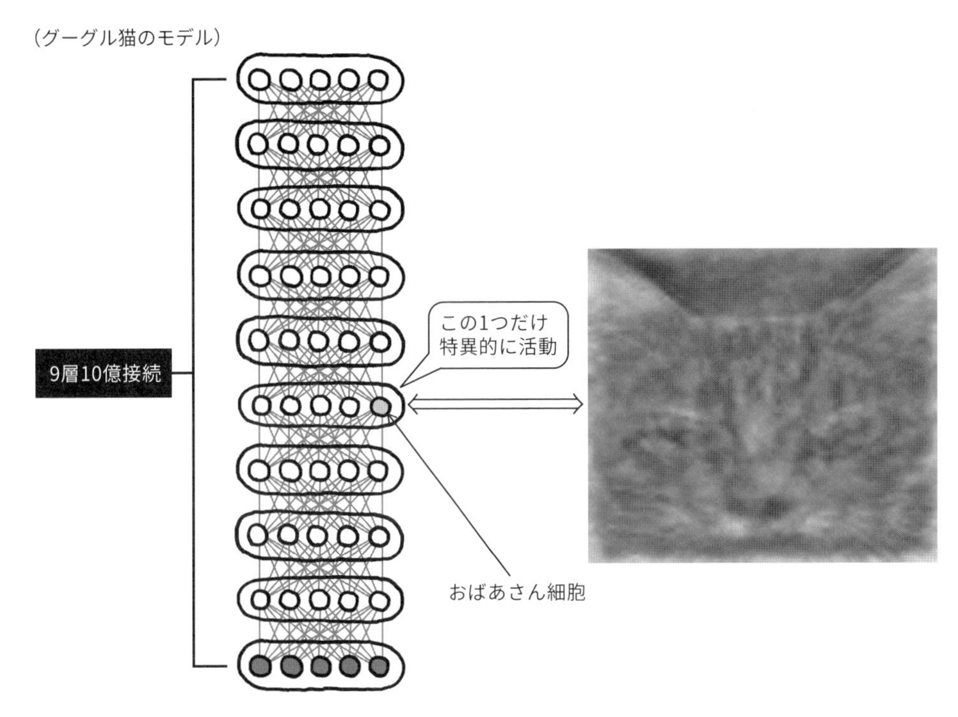

●わたし、おばあさんじゃないんだけど…（右の画像提供：Google）●

また、「10億接続」とは神経細胞とシナプスとの接続数のことです。数値だけみると非常に巨大なネットワークと思えますが、人の視覚野の神経細胞とシナプスの数は、その100万倍で1,000兆にもなるということで、まだまだ人のほうが深いのです。人の神経細胞は大脳で数百億個、小脳で1,000億個、脳全体では千数百億個にもなるそうです[5]。さらに、猫と犬について、情報処理をつかさどる大脳皮質における神経細胞の個数を調べたところ、犬の神経細胞の個数は4億2,900万個だったのに対し、猫の大脳皮質の神経細胞の個数は2億5,000万個だったそうです[6]。

●え？●

2-7　プーリングと局所コントラスト正規化

プーリングとは、プーさんの指輪のことではもちろんありません。グーグル猫の論文は画像認識に関するものです。

猫の写真をたくさん撮ったとします。すると、なかには猫が中央に写る写真もあれば、端っこのほうに写る写真もあるでしょう。ドアップな写真もあれば、遠くに写ったものもあるでしょう。まっすぐキリリッとした姿勢の写真もあれば、ゴロリと逆さまになった写真もあるでしょう。グーグル猫の論文には「特徴検出器が移動だけでなく拡大/縮小および回転に対しても頑強であることを示しました。」とありましたね。

この移動、拡大/縮小、回転に対して頑強にするための演算を行う層が**プーリング**といわれるものです。

（あまえてみたり）　（思いっきり近づいてみたり）　（干したばかりのおふとんで寝てみたり）

●いろんな大きさやポーズに対応するのがプーリング●

「次世代HTML標準HTML5の情報サイト」のAPIを例にして、プーリングで行われる演算のイメージを理解しましょう。API、覚えていますか？

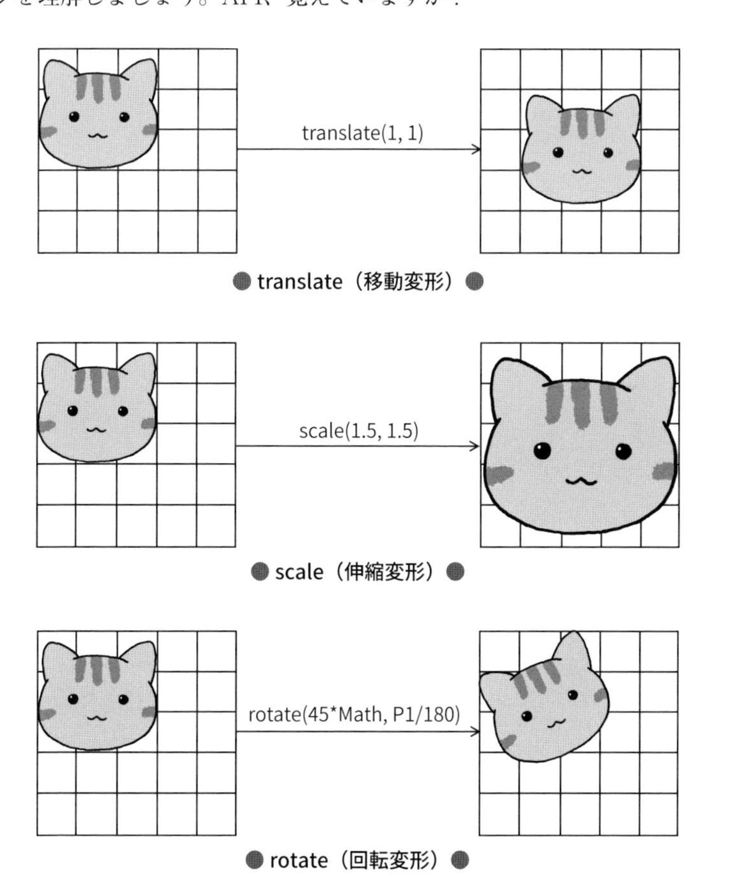

● translate（移動変形）●

● scale（伸縮変形）●

● rotate（回転変形）●

プーリング層は画像を移動、伸縮、そして回転させることで、画像の変形の影響に対するロバスト性をもたせます。**ロバスト性**とは、外乱や誤差の影響による変化を、阻止する性質のことです。また、画像には変形のほかに色に関する影響がありますよね。この色の変化に対してロバスト性をもたせるのが**局所コントラスト正規化**です。

この色を表現する要素の中にはブライトネス（輝度）とコントラスト（濃淡の差）があります。これらの用語はテレビやディスプレイの設定で出てきますね。

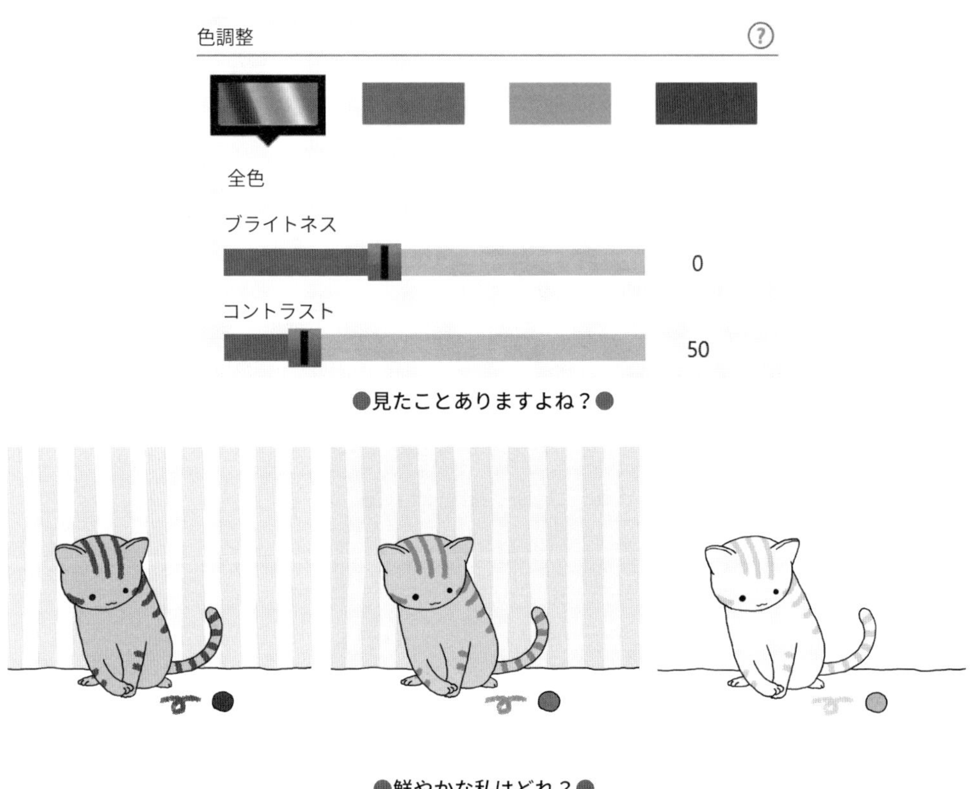

●見たことありますよね？●

●鮮やかな私はどれ？●

猫の画像でも、室内だったり、屋外だったり、さらに同じ屋外でも季節や天気が違っていればコントラストは変わります。このコントラストの変化に対するロバスト性を、局所コントラスト正規化が与えます。

ここで、「局所」とは１枚ごとにコントラスト正規化を行うことを表します。「正規化」とはデータを一定のルールにもとづいて変形し、利用しやすくすることを表します [7]。

すなわち、局所コントラスト正規化によって、人の視覚特性を模して画像のコントラスト（濃淡の差）データを変形します。ここで、データの変形とは、特徴検出器が効率的に学習できるように、注力すべきデータを際立てるようにすることを指しています。なぜ、コントラストにここまでの処理時間をかけるのかというと、人の視覚特性は、色よりも明暗に対する感度

が極端に強いからです。人間の視覚特性 [8] では以下のように解説されています。

> 人間（ほかの生物も）の網膜には明暗に反応する杆体（桿体）と色に反応する桿体が存在する．このため人間の視覚に対応した画像には，明度情報と色情報の2つが必要である．このうち，人間の視覚は明度成分の違いに敏感に反応し，色彩の違いにはさほど反応しない．人間の場合，95%が杆体で占められており，色よりも明暗に対する感度が極端に強い．実はこれは，哺乳類一般の特徴である．哺乳類共通の祖先は長らく夜行性の活動を続けてきたと考えられ，色のほとんど見えない環境に適応するように進化した結果，網膜が明暗だけに強く反応するになったといわれている．

大脳皮質における神経細胞の個数では残念だった猫ですが、視覚センサーは抜群のものをもっています。にゃんにゃんタイムズ [9] によると、猫の目の視野は200°と大変広く、それに対して人の視野はだいたい120°、犬は80°だそうです。

さらに、猫の目の奥にはタペタム層といわれる器管があり、ここに光を受けて反射することによって、暗闇でも人間の6倍も、ものがよく見えるそうです。

●闇夜のカラスも見えるのだ●

ここまでをまとめてみます。

- グーグル猫の論文における、高レベルのクラス固有の**特徴検出器**とは、「9層の10億の接続をもつニューラルネットワーク（神経回路網）のことです。
- ニューラルネットワークはノードとエッジでモデル化されます。
- 神経細胞間の神経伝達物質の量は活性化関数と重みで決めます。
- 特定のものに反応する神経細胞は**おばあさん細胞**とよばれ、グーグルのディープニューラルネットワークでは猫に反応する神経細胞が発見されました。
- 学習された特徴検出器は画像の特徴認識を行います。

● しかし、インターネットからダウンロードしたそれぞれ200画素×200画素をもつ1,000万個の膨大な画像データは、写っている対象物の形や色はまちまちです。そこで、人の視覚特性をモデルに、形の特徴をプーリングで、コントラスト（濃淡）の特徴を局所コントラスト正規化することで学習効果を上げるようにしています。

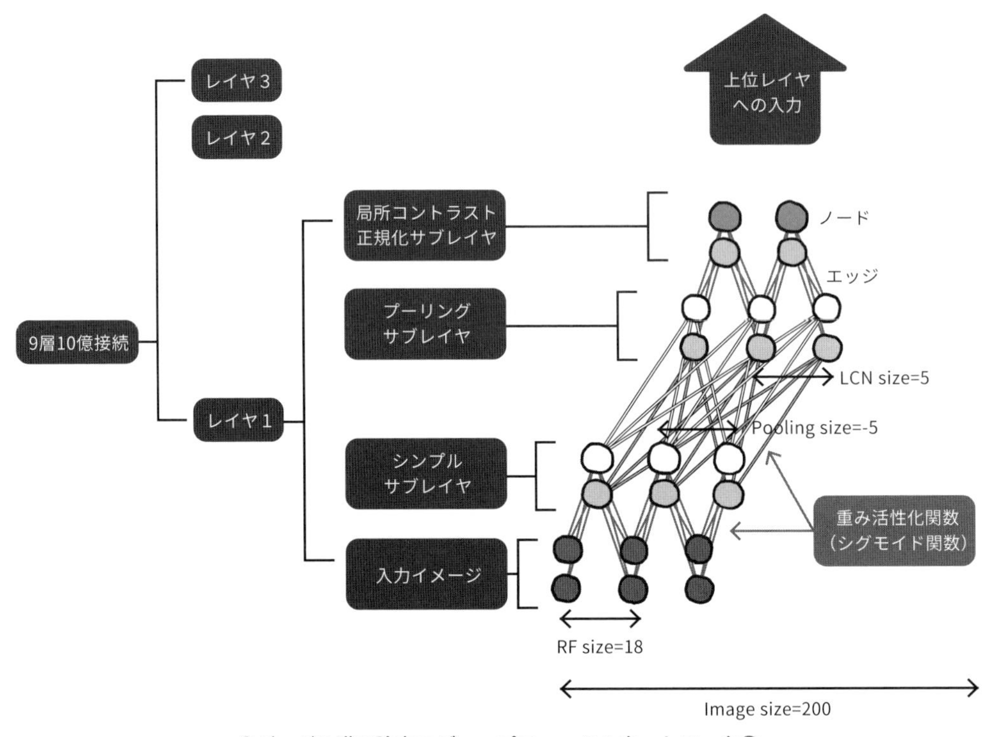

●グーグル猫の論文のディープニューラルネットワーク●

さて、上の図のようにRF（Receptive Fields：受容野）サイズを18画素×18画素（ピクセル）とし、プーリング（Pooling）と局所コントラスト正規化（LCN：Local Contrast Normalization）のサイズを5×5として特徴を検出します。続いて、18画素×18画素に学習したフィルターを通し、5×5の領域に特徴を検出（畳み込み）します。

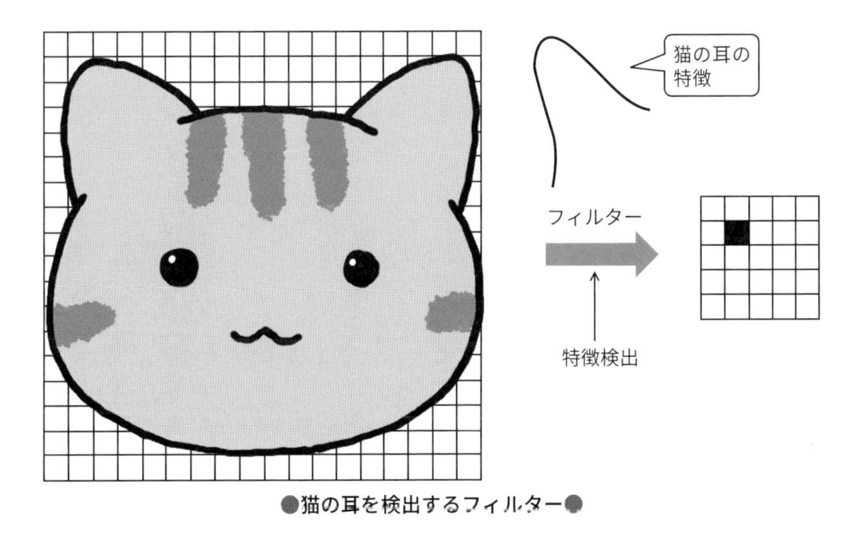

●猫の耳を検出するフィルター●

ここで、**受容野**については脳科学辞典 [4] では以下のように解説されています。

> 受容野（receptive field）とは、感覚処理系の個々の細胞が、外界あるいは体内に生じた刺激に対し、感覚受容器を通じて、反応することのできる末梢器官上での空間範囲あるいはそれに対応する外界空間での範囲をいう。受容野の位置、大きさ、形および内部構造は細胞により異なるため、個々の細胞はそれぞれ特定の刺激に感受性を示すようになる。感覚処理経路の初期段階の細胞ほど、小さく単純な構造の受容野をもち、後の段階の細胞ほど、広く複雑な構造の受容野をもつ。このため、感覚処理系では、その処理経路に沿って、逐次、複雑な情報伝達が行われるようになっている。
>
> 猫の網膜神経節細胞は、受容野の中心部分に光を照射する場合と周辺部分に照射する場合とで反応が異なり、一方では興奮応答がみられ、他方では抑制応答がみられる。

どうでしょう？　皆さんの学習曲線がぐっと上がってきましたでしょうか？

2-8　スパースオートエンコーダ

ラベルなしのデータ、つまり教師なし学習で特徴検出器を構築することを可能にしたのが、**スパースオートエンコーダ**です。いよいよラスボスの登場といったところでしょうか。

スパースオートエンコーダを Wiki します [7]。

> スパースオートエンコーダ（英：sparse autoencoder）とは、**フィードフォワードニューラルネットワーク**の学習において汎化能力を高めるため、**正則化項**を追加した**オートエンコーダ**のこと。ただし、ネットワークの重みではなく、中間層の値自体を0に近づける。

またまた宇宙語が出てきました。これまた1つひとつ撃破していきましょうか。

フィードフォワードニューラルネットワーク（feedforward neural network）は**順伝播型ニューラルネットワーク**ともいわれ、データが水のように高位から低位へと流れていくネットワークのことです。

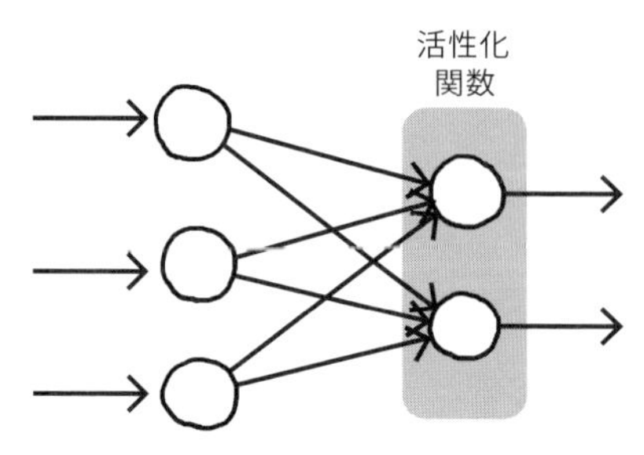

●「順番に伝播（波及する）」のイメージ●

そして、**オートエンコーダ**は、**エンコード**（符号化）と**デコード**（復号）を用いて、入力データと出力データが一致するように重み（特徴）を調整することで、ラベルなしデータ、つまり教師なしで学習するしくみのことです。

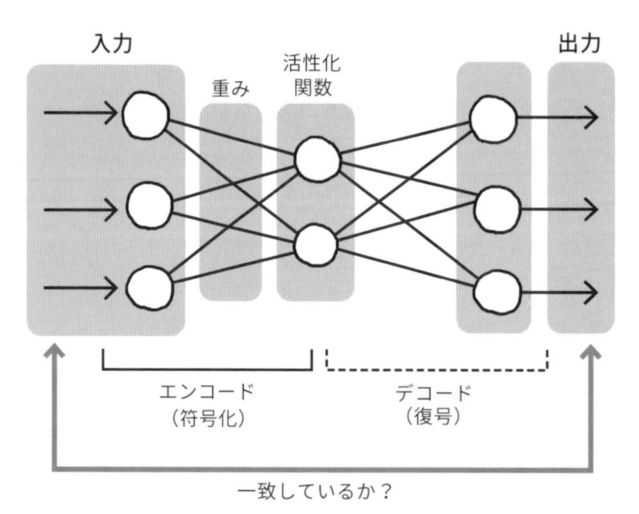

●入力データを再現するデータを出力するように自分自身をトレーニング [10] ●

いわば、ラベルなしのデータ、つまり教師なし学習で、特徴検出器を構築することを可能にしたオートエンコーダとは、美術の見たままを絵にする写生のような学習スタイルですね。

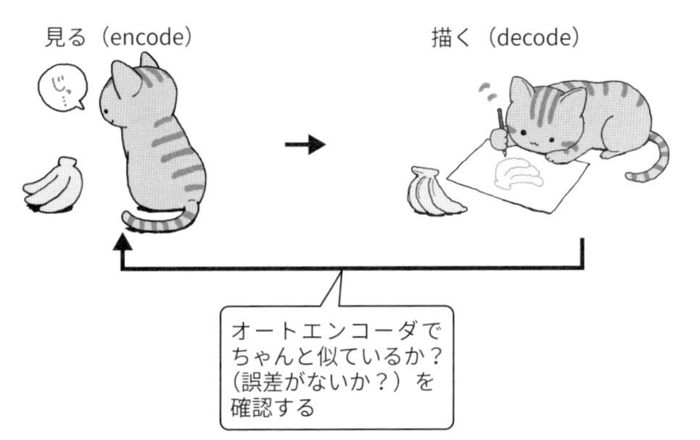

●見たとおりに描けるかな？　これがオートエンコーダ●

2-9　誤差関数

誤差関数（**損失関数**）は、誤差がどれだけかを測るものです。すなわち、誤差関数によって、誤差の大きさを知り、より誤差がなくなるように重みを更新します。ここで、誤差の調整とは、受容体（重み）が神経伝達物質をどれくらい受け取るかを調整するイメージです。この重みを更新することが学習になります。

一方、コンピュータを扱う人としては、どのくらい重みを更新し続けて学習させ続けるかを判定する必要があります。その判断指標となるものが、確率的勾配降下法です。これについては後ほど説明します。

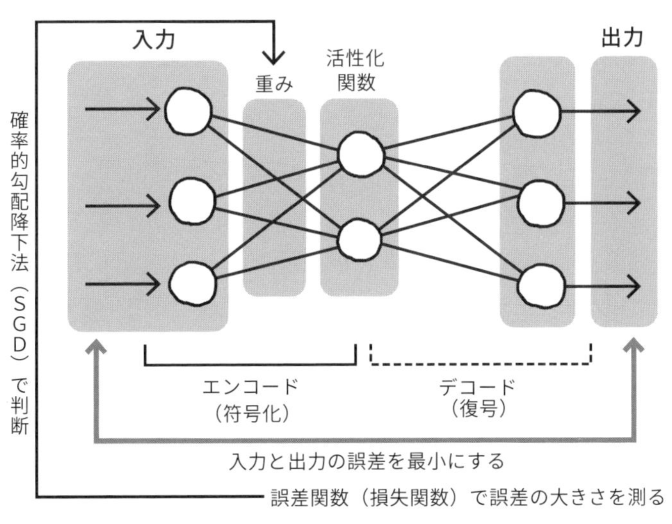

●重みで学習●

2-10　正則化項を加えたオートエンコーダ

コンピュータは放っておけば、誤差がかぎりなく０に近づくまで学習し続けてしまい、エンドレスコードになってしまいます。このような過学習（詳しくは次ページ参照）を防止するためには、モデルの複雑さを見直します。

必要以上のモデルの複雑さを防止するには**正則化項**を追加します。つまり、正則化はモデルの複雑さに罰則を科すために導入されます[11]。具体的には、モデルがなめらかでないことに罰則をかけて、過学習を防ぐための追加の項（正則化項）を導入する手法です[7]。

正則化項により中間層の出力を０にします。これは、神経伝達物質の放出量を０にして、ニューラルネットワーク（神経回路網）の結びつきをなくすイメージです。このように、神経細胞間をシンプルに疎結合（独立性が強い状態）にするオートエンコーダを、**スパースオートエンコーダ**とよびます。

ここで、スパース（sparse）とは「疎（まば）らな」という意味です。この神経細胞間接続のスパース化も、誤差関数での重みの調整と同様に学習となります。そして、どのくらいスパース化を行うかの指標に、確率的勾配降下法を用います。

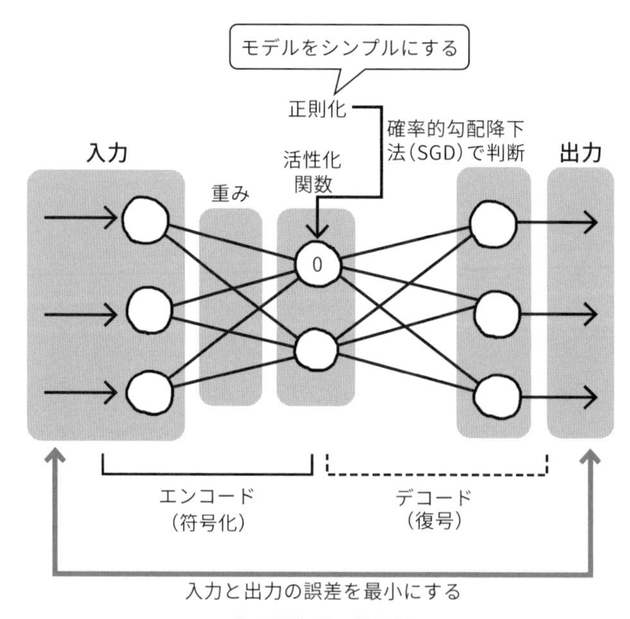

●正則化項で学習●

2-11　過学習

過学習（オーバーフィット）とは学習し過ぎのことです。あまりにも勉強し過ぎて、同じ傾向の問題ならばんばん解けるのに、頭がかたくなってしまい、少しでもひねった問題だとお手上げになってしまうことですかね。下の図がわかりやすいです[12]。

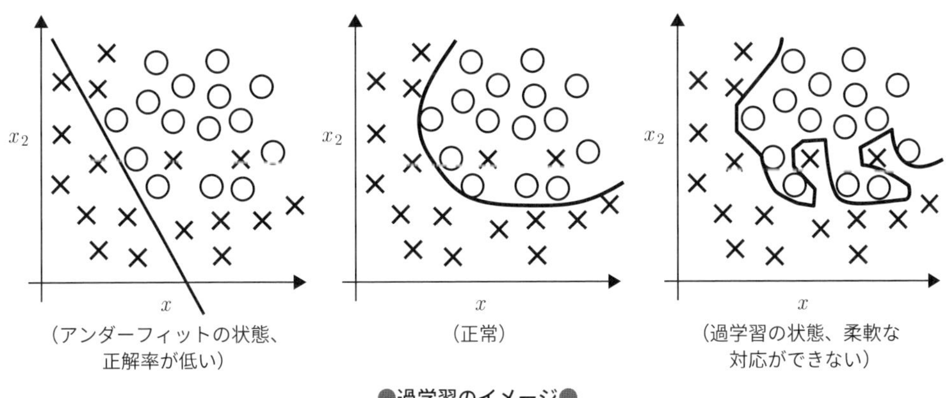

●過学習のイメージ●

アンダーフィットの特徴検出器は正解率が低いです。そこでデータ（問題集）をどんどん与えて学習させます。与えた問題集では100点満点になったのが右の過学習の特徴検出器です。「100点満点なのだからいいじゃないか」と思いますが、そこは機械なので、与えられた問題集に特化した能力を備えてしまい、別の問題集を与えるとまちがいが多くなります。

人はどんどん問題集を解くことで**汎化**（共通して適用できる法則などを見つけて応用すること）の能力も備えますが、機械の場合は意識的に汎化能力をもたせる、つまり過学習を避ける工夫が必要になります。その工夫が**正則化**です。いいかえれば、汎化能力は過学習を抑えることで身につきます。

2-12　確率的勾配降下法

勾配降下法とは、読んで字のごとく、勾配（斜面）を降下（降りる）して測定する方法のことです。どんどん誤差が降下して（減って）いれば、学習効果が上がっていることを意味しています。

しかし、通常の勾配降下法では、降下からいったん上昇に向かうと「学習効果がなくなった」と判断します。でも、測定は学習の順番どおりに行われるので、続けていれば、もしかすると、もっと降下する可能性があるかもしれません。

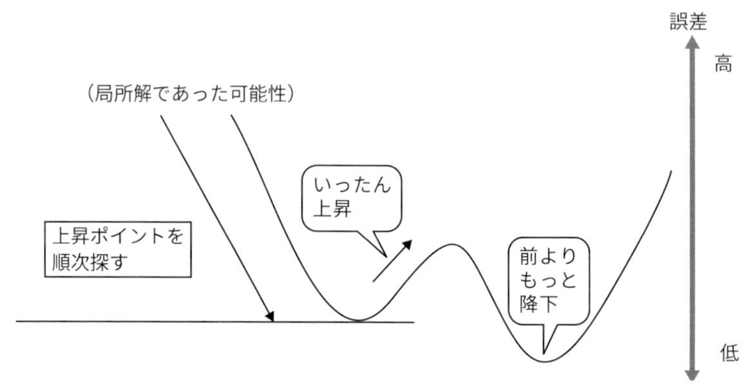

●順番どおりに学習すると、後でまた降下するかもしれない●

対して、**確率的勾配降下法**（SGD：Stochastic Gradient Descent）は、学習をランダムに取り出して誤差を計算するので、局所解におちいりにくい性質があります。ただし、運が悪ければ、誤差がばらつきすぎてしまって判定不能となり、いつまで経っても適した答えにたどり着けません。

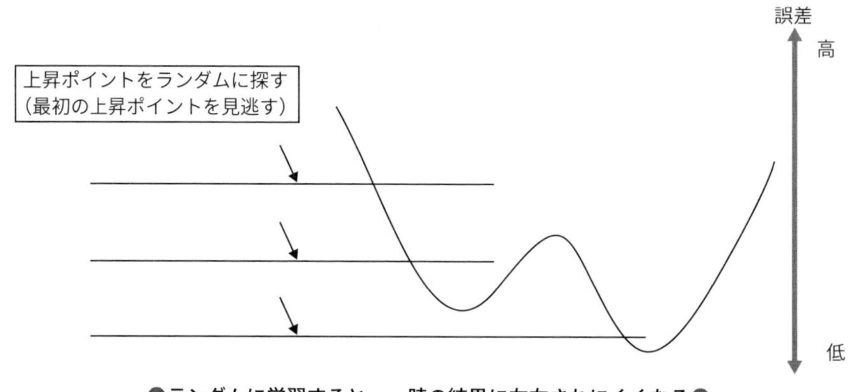

●ランダムに学習すると、一時の結果に左右されにくくなる●

2-13　学習フェーズと認識フェーズ

さて、グーグル猫の論文の9層で10億接続するディープニューラルネットワークは、プーリング層と局所コントラスト正規化層があるスパースオートエンコーダを、インターネットからダウンロードした1,000万個の200画素×200画素をもつ画像をトレーニングデータとして、確率的勾配降下法を用いて学習させます。

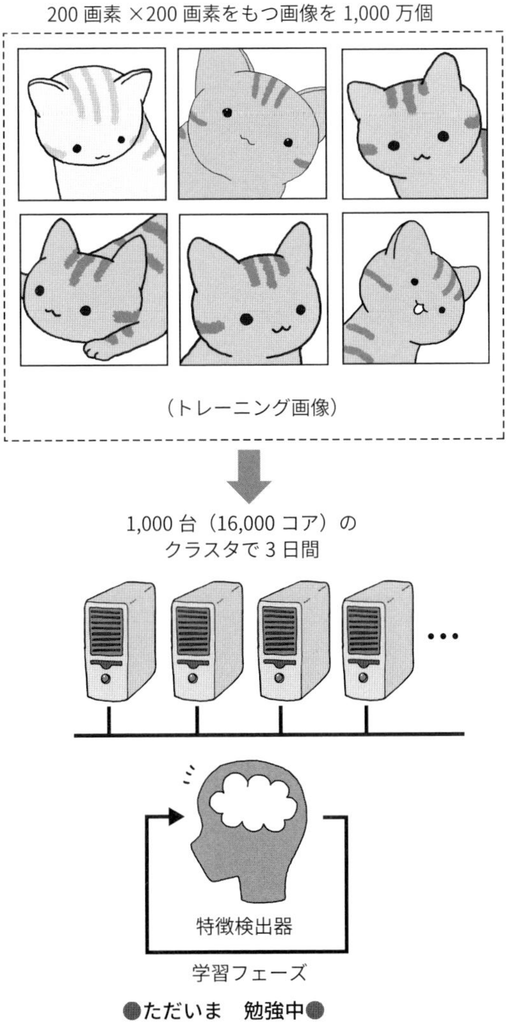

200画素×200画素をもつ画像を1,000万個

（トレーニング画像）

1,000台（16,000コア）の
クラスタで3日間

特徴検出器

学習フェーズ

●ただいま　勉強中●

学習を終えた特徴検出器を使ってどれだけ認識するかをテストします。

すると、ImageNet [13] の 22,000 のオブジェクトカテゴリを認識して 15.8%の精度を得ました。これは、従来の最先端技術に比べて 70%の相対的な改善です。

22,000 のオブジェクトカテゴリ

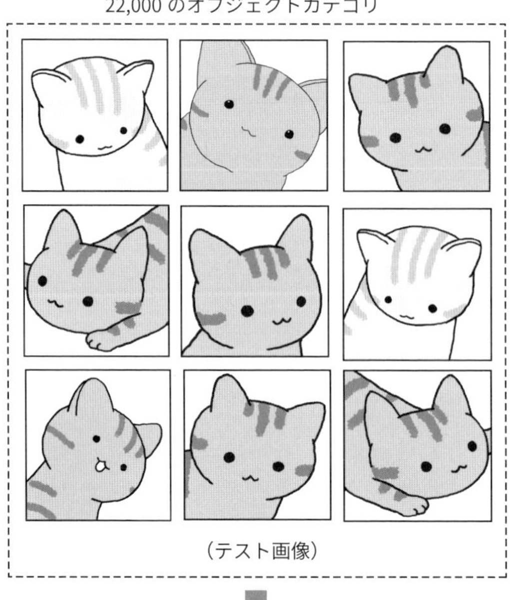

（テスト画像）

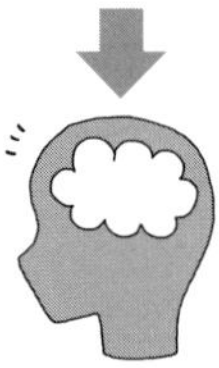

特徴検出器
認識フェーズ

従来 9.3%の認識精度から
15.8%の認識精度へと
70%の相対的改善

従来 67.2%の猫認識から
74.8%の猫認識へと
10%の相対的改善

●さぁ、実力テストだ●

2-14　ディープラーニングのまとめ

インターネットからダウンロードした200画素×200画素をもつ画像の1,000万個を、ラベルなしデータとして、プーリングと局所コントラスト正規化を備えた9層で10億個接続されたスパースオートエンコーダによって、1,000台のクラスタで3日間、確率的勾配降下法を使用してトレーニングした結果、ImageNetの22,000のオブジェクトカテゴリを認識して15.8%の精度を得ることができることがわかりました。

どうですか？もう宇宙語ではないですよね。

《ネコの寄り道》猫ニューロンがもっともよく反応したテストセット　COLUMN

グーグル猫の論文に掲載された、猫ニューロンがもっともよく反応したテストセットです。一瞬、おぉっと思いました。でも、よく見ると……

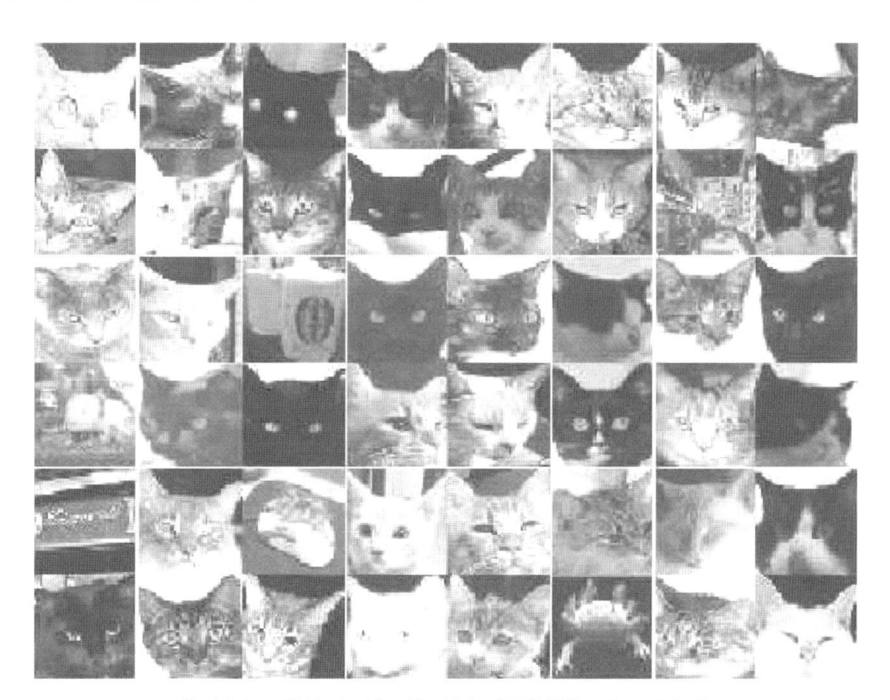

●メキシコサラマンダーがいる！（画像提供：Google）●

3章

ディープラーニングのしくみ・基礎

前の2章でディープラーニングの原理を学びました。この3章ではディープラーニングとの付き合い方にふれます。

3-1 ディープラーニング開発ワークフロー

ディープラーニングを開発するワークフローは、大きくは3つのフェーズに分けられます。

まず、学習データを収集するフェーズです。

次に、ニューラルネットワークモデルを設計し、学習データを使ってネットワークモデルを学習させて、育成し、学習モデルをつくるフェーズがあります。この段階で、もし学習データが原因で育成がうまくいかない場合、再度学習データを収集することになります。

最後に、育成された学習モデルを用いて認識や予測といったサービスにディープラーニングを適用するフェーズです。

しかし、これら3つのフェーズより前の段階において大切なことがあります。それは、何をしたいか、ディープラーニングを適用したいサービスを明確にしておくことです。適用したいサービスを先に決めておかないと、どのような学習データを収集してよいかがそもそもわかりません。

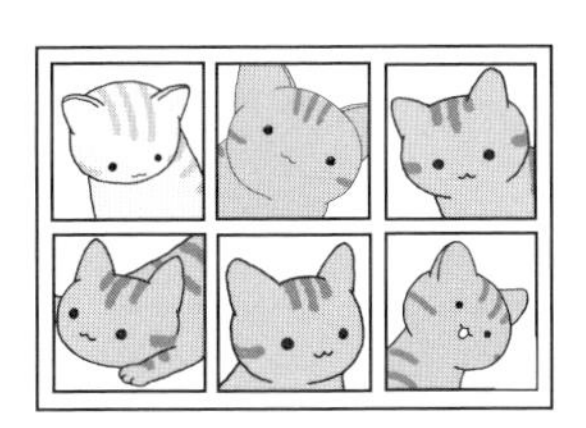

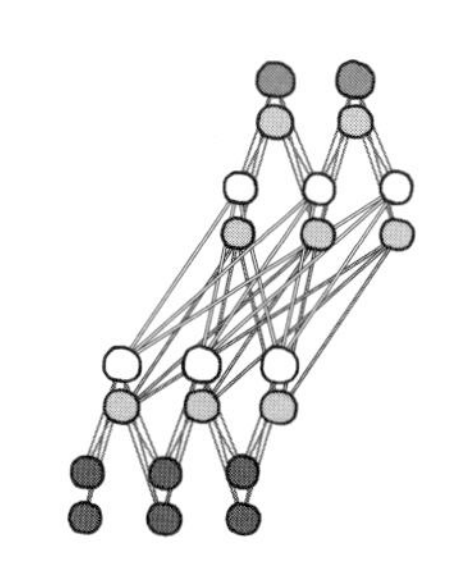

学習データ収集
（集める）

ニューラルネットワーク
モデル設計・育成
（つくる）

学習モデルを利用する
（使う）

●集めて、つくって、使う！●

3-2　学習データの収集

先に述べたとおり、何よりも最初に、ディープラーニングを何に利用するかにより、どのような学習データを収集するかを決める必要があります。たとえば、自動運転車にディープラーニングを利用するのであれば、交通標識は学習データとして収集するものの１つです。

グーグル猫の論文ではコンピュータに教師なしで猫を認識させるために、画像を1,000万個も使っています。つまり、教師なしでコンピュータに猫を認識させるためには、少なくともこれだけの数の猫以外も含めた画像を収集することになります。したがって、インターネット上に膨大な画像データがあり、容易に収集が可能になったことは、ディープラーニングが花咲いた１つの理由です。

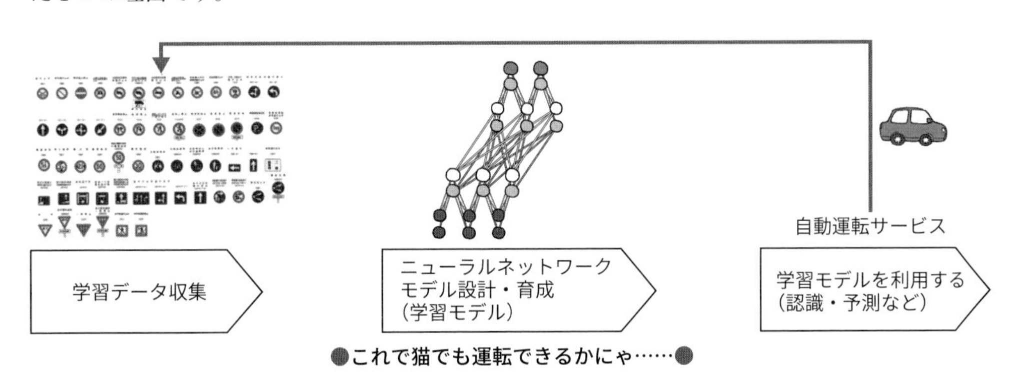

●これで猫でも運転できるかにゃ……●

3-3　ニューラルネットワークモデル設計・育成

次に、ディープラーニングを開発するには、ニューラルネットワークモデルを設計し、育成するための数式を、プログラミング言語によりコンピュータ上で処理できるようにする必要があります。これは大変面倒な作業です。

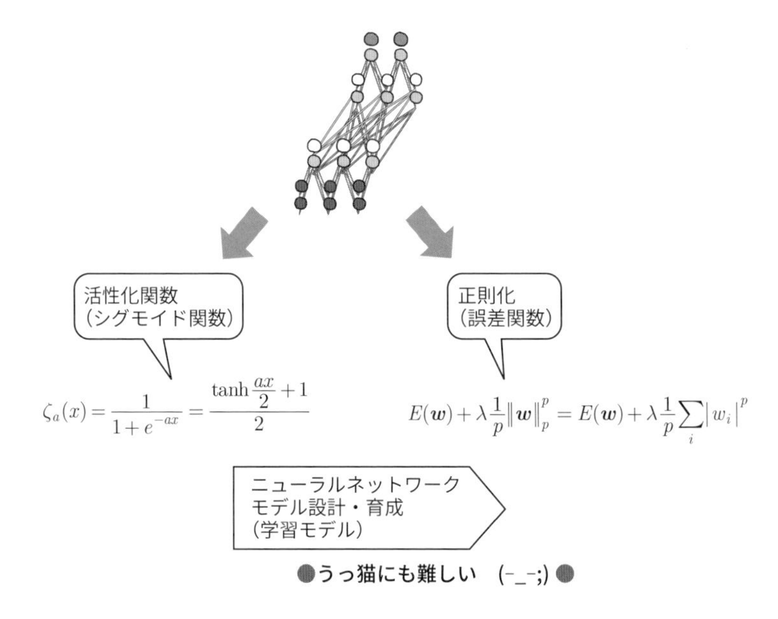

●うっ猫にも難しい　(-_-;)●

そこで、Caffe、Chainer、TensorFlowなどのフレームワークによる開発環境が登場します(8ページ参照)。たとえば、TensorFlowの開発環境では３つのレベルのAPIが用意されています[14]。

API、もう大丈夫ですよね？　何だっけ？　という方は１章を読みなおしてみてください。

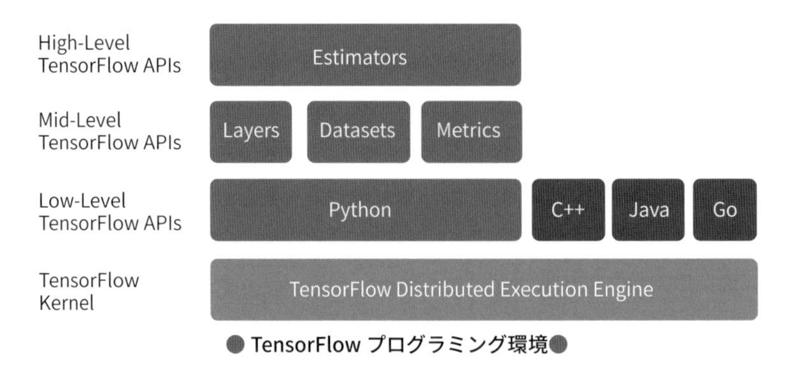

● TensorFlow プログラミング環境●

TensorFlowの下層レベルAPIでは、**活性化関数（シグモイド関数）**や**正則化（誤差関数）**などの関数がAPIとして用意されています。

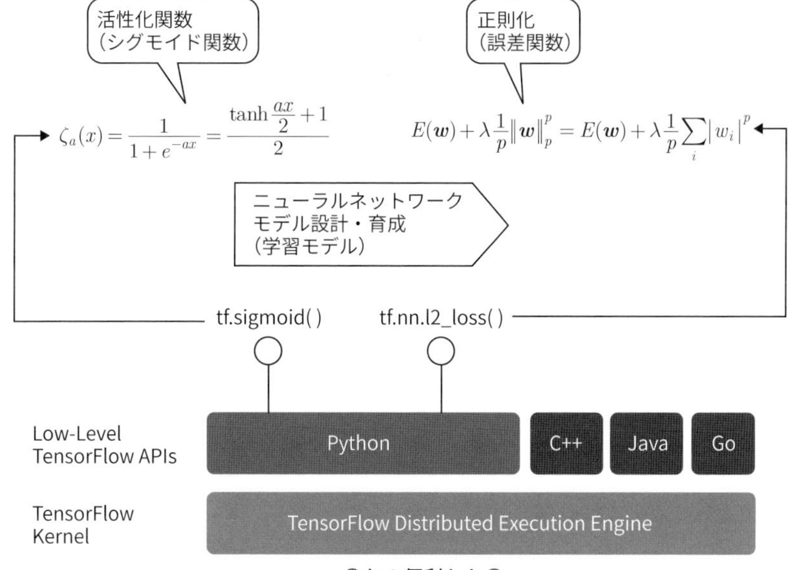

●お！便利かも●

しかし、低層レベルAPIでニューラルネットワークを設計するには、中層レベルAPIにあるレイヤ、データセット、メトリクス（計測）をつくることになります。

2章のディープラーニングの原理を読んでいただき、ご理解いただけたと思いますが、このニューラルネットワークモデルを設計するには、認識させたい対象の専門知識が必要です。ニューラルネットワークモデルに画像認識をさせたいなら画像処理技術、音声認識させたいなら音声処理技術、言語認識させたいなら言語処理技術に深い知識と経験が必要になります。さらに、こうした知識を、ニューラルネットワークモデルで実現するための機械学習分野の知識と合わせる必要があります。

そこで、高層レベルAPIの登場です。**高層レベルAPI**では、認識させたい対象の技術知識はあるが、機械学習の知識はいま1つないという方に、便利なAPIを提供しています。

高層レベルAPIを呼び出すだけで次のことをしてくれます。

(1) モデルを訓練する（train）。

(2) 訓練されたモデルを評価する（evaluate）。

(3) 訓練されたモデルを使用して予測を行う（predict）。

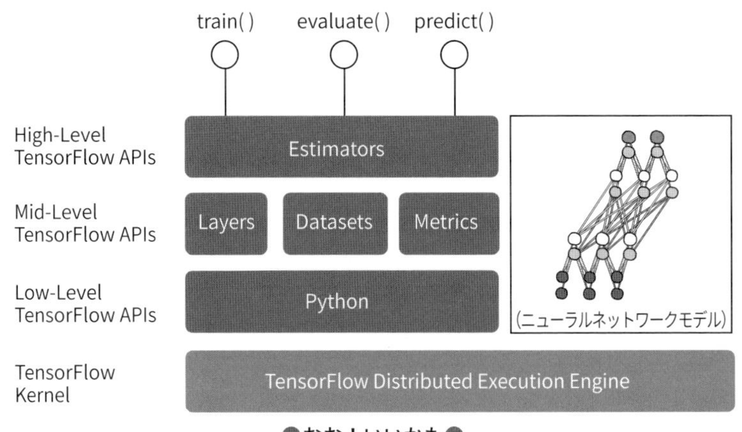

●おお！いいかも●

しかし！グーグル猫の論文では、1,000 台（16,000 コア）のクラスタで３日間のコンピュータ資源が必要だったことを思い出してください。そのため、グーグル、IBM、マイクロソフト、アマゾンなどの IT の巨人は量子コンピュータの導入を検討しています。

つまりは、優れたニューラルネットワークモデルをつくるには、膨大なコンピュータ資源と、認識させたい対象の膨大な学習データが必要です。

3-4　API によるディープラーニングのまとめ

現在では、ディープラーニングモデルをつくるための API が用意されて、ある程度は難しい裏のことまで考えなくても、ブラックボックス的にモデルをつくることができるようになってきました。しかし、優れたディープラーニングモデルをつくるには、認識させる対象の知識と、膨大な学習データと、コンピュータ資源が必要になります。

そこで、勉強済みの特徴検出器を使いましょう、という発想が生まれてきます。API を使えば、中身のプログラムは明かしてもらえないブラックボックス状態でも、簡単にディープラーニングモデルを利用できます。「つくる」から「使う」へのシフトです。

たとえば、グーグルクラウドプラットフォームにはグーグルが学習させ構築した機械学習モデルを使うための API が用意されています [15]。

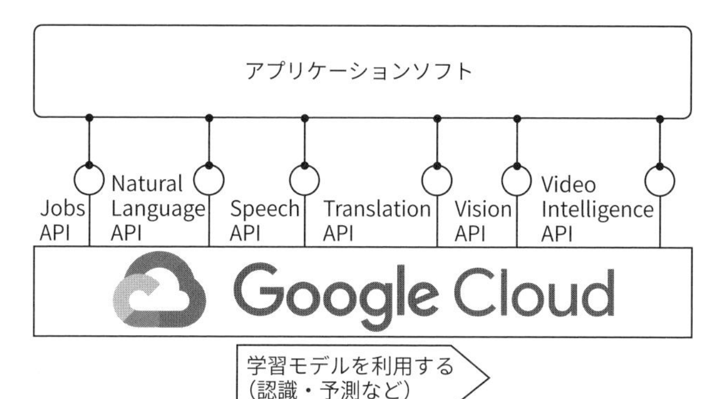

●学習済みの特徴検出器を「使う」ための API ●

第2部からは、このようなディープラーニングを「使う」APIについて応用例を紹介しますが、ここでは、APIを使わずに学習モデルを利用して、ディープラーニングによる学習モデルの能力を堪能してみましょう。

現在、ITの巨人らの学習モデルを使うことができます。AWS Machine Learning [16]、Watson [17]、Google Cloud Platform [18]、Microsoft Azure AI Platform [19] などからさまざまな学習モデルを利用できます。

たとえば、Google Cloud PlatformのVISION APIを利用してみたいと思います。Webサイトを開きます [20]。

● Google Cloud Platform CLOUD VISION API Web サイト●

さっそく猫をどれだけ認識できるか試してみましょう。具体的には、皆さんが撮った写真をWebブラウザ上にドラッグ＆ドロップするだけです。

●ここに写真を入れるだけ●

筆者が撮影した下の猫の写真を入れてみると、99％の確率で猫だと認識し、98％の確率で黒猫だと認識しています。

●筆者の撮影した黒猫の写真と認識結果　ちなみにボンベイではなく鎌倉●

これは少し簡単だったかもしれません。じゃ、次ページの写真だとどうでしょう？
これでも97％の確率で猫と判定できています。おそるべし猫ニューロン。

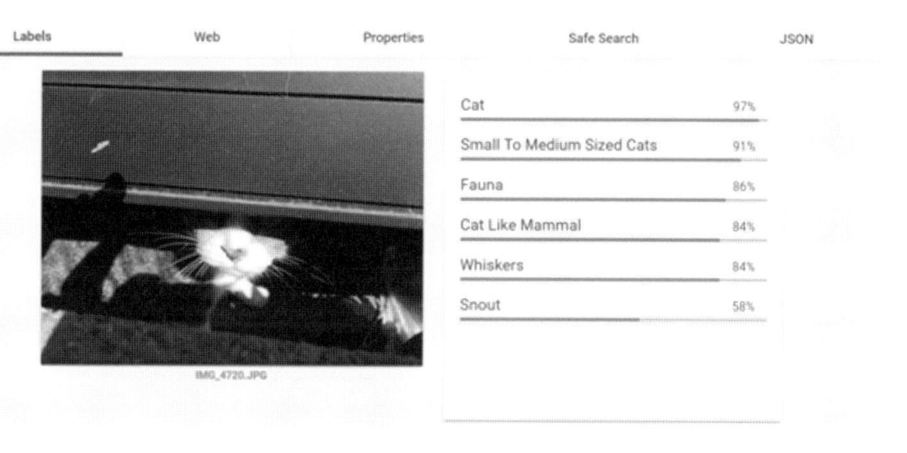

●かくれんぼしている猫の写真と認識結果●

また、VISION APIは、顔の表情から、感情を推論します。今度は、人の顔が映った画像を投げ込んでみましょう。下の写真の認識結果をみると。"Joy"が"Very Likely"で、喜び満点ですね。

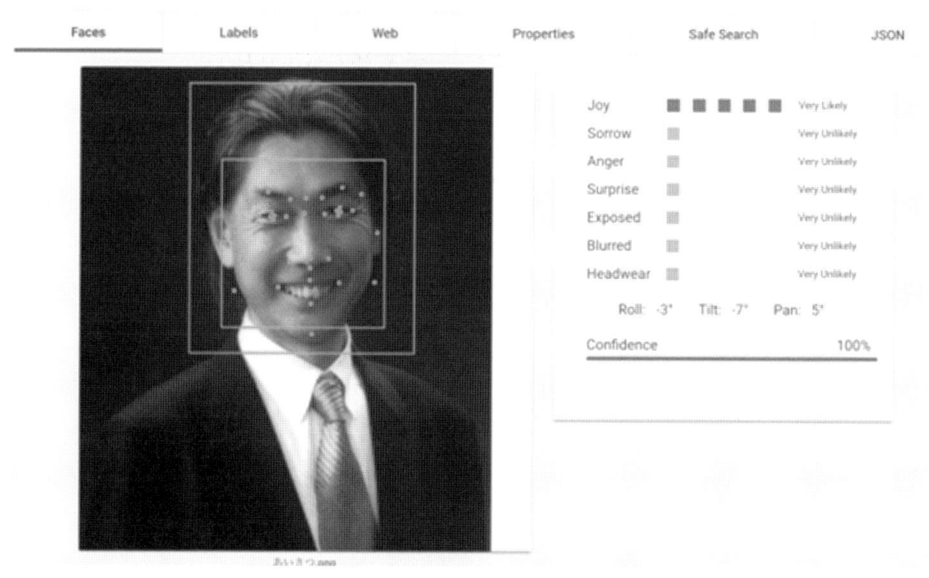

●めっちゃ喜びぃ〜●

次の写真は表情がなく、認識結果をみると"Sorrow"が他に比べて"Unlikely"なので、どちらかというと寂しい感じでしょうか。

●普通はこんな感じでしょ●

これを応用して、将来、人に代わって介護ロボットが被介護者の気持ちを顔の表情から推測し、「心配ないですよ。安心してください。」などと声をかけてくれる、人にやさしい介護を提供できるようになることが期待されています。

さらに、介護ロボットにカメラからの映像で姿勢の学習モデルを育成できれば、万一、移乗するときに被介護者がバランスをくずした際に、介護ロボットが姿勢を変えて被介護者の転倒を防止してくれるようになる可能性も秘めています。

●やさしくて、頼りになるネコロボ●

他のAPIでも、同じように簡単に試せるものがあります。たとえば、Google Cloud Platform CLOUD SPEECH API [21] を使って音声をテキストに変換、またテキストを音声に変換できます。これで何がうれしいかというと、プログラムで扱いにくい音声データから、扱いやすいテキストデータにしてくれることです。テキスト化されることによって、従来の検索技術でプログラムを書くことができます。たとえば、以下のようなエージェントに応用できます。

最近の自動車にはいろいろな機能が搭載されています。そのため、その機能を説明する取扱説明書は分厚くなる一方です。そして取扱説明書を読むのは面倒です。そこで、自動車自体によびかけて、問題を解決するアプリケーションが考えられます。

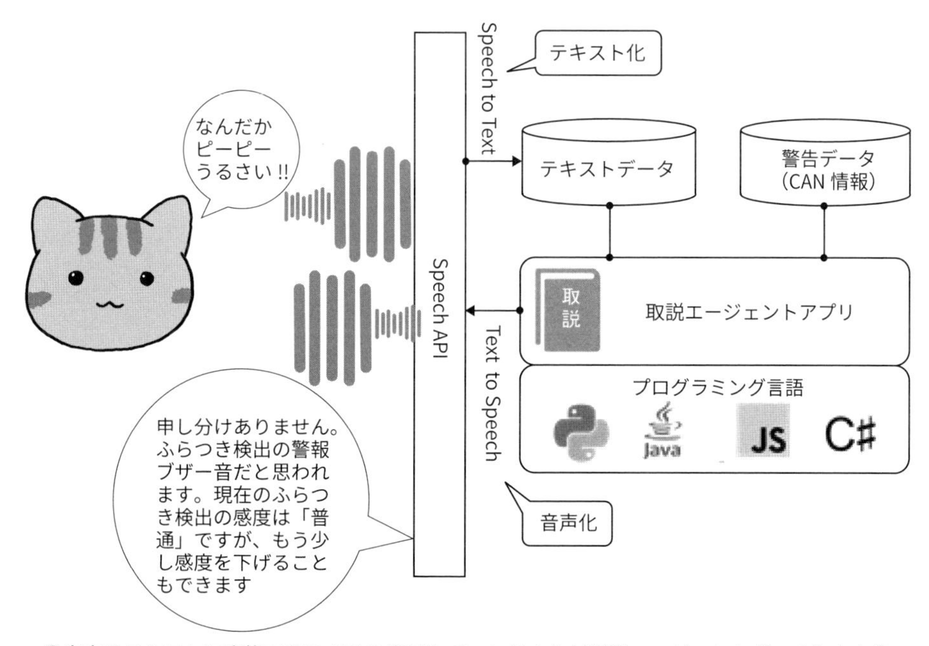

●音声をテキストに変換できるAPIを利用して、いろんな対話型エージェントがつくれます●

それでは、第2部以降では学習モデルを、APIを用いて利用する具体的なプログラミングをしていきます。

《ネコの寄り道》量子コンピュータ？　COLUMN

量子コンピュータは量子ビットを使ったコンピュータです。

量子（quantum）とは、物理量の最小単位です。また、原子の中の原子核にある陽子の、そのまた中にあるクォーク（quark）などの素粒子も量子の一種です。量子レベルのきわめて小さな世界では、ニュートン力学などの物理法則が通用しません。

すなわち、量子は波のようにふるまうこと（波動）もあれば、粒子のようにふるまうこともあるという、直感では一見不思議に思われるような性質があります [7]。

このため、量子ビットは通常の電子ビットのように 0 か 1 の値をもつのではなく、0 と 1 を重ねもちます。ここで、「重ねもつ」とは、0 でもあり 1 でもある状態です。逆にいうと、0 でもなければ 1 でもない状態ともいえます。

じゃ、どっちなのだとその量子ビットを観察すると 0 か 1 かのどちらかに決まります。そして、0 でもあり 1 でもある状態が波動の性質、0 か 1 に決めた状態が粒子の性質となります。仏教の色即是空のようですね。

観察してないと 0 と 1 の重なり合った状態

観察すると 0 か 1 どちらかの状態

●だるまさんがころんだ！みたい●

この量子の不思議な現象は「シュレーディンガーの猫」[7] なる思考実験でのたとえが有名です。

「ふたのある箱に猫を 1 匹入れる。箱の中には放射性物質のラジウムを一定量とガイガーカウンターを 1 台、青酸ガスの発生装置を 1 台入れておく。ラジウムがアルファ粒子を

出すと、これをガイガーカウンターが感知して、その先に付いた青酸ガスの発生装置が作動し、青酸ガスを吸った猫は死ぬ。しかし、ラジウムからアルファ粒子が出なければ、青酸ガスの発生装置は作動せず、猫は生き残る。箱に入れたラジウムが1時間以内にアルファ崩壊してアルファ粒子が放出される確率は50%だとして、この箱のふたを閉めてから1時間後に、ふたを開けて観測したとき、猫が生きている確率は50%、死んでいる確率も50%である。したがって、この猫は、生きている状態と死んでいる状態が1：1で重なり合っていると解釈しなければならない。」

●本当に試したらダメだよ～●

量子のこの不思議な現象をうまく使うと、組合せ問題をすばやく解けたりします。

量子ビットでは1ビットで2通り、2ビットで4通り（0-0/0-1/1-0/1-1）、3ビットで8通りとnビットで2^n通りの組合せを一度（1回）で表現できます。つまり、グーグル猫の論文の接続数10億なら、30個の量子ビットがあればその組合せを一度で表現できます（2^{30}=1,073,741,824ですから）。

また、最近話題になっている量子アニーリング方式の量子コンピュータは、イジングモデルというものを用いて組合せ問題を解きます。イジングモデルは量子を格子状に結びつけます。すると、量子間の相互作用により、量子はふるまい（0か1か）を変えるので、イジングモデルは結果としてエネルギーが低い状態を出します。このとき、「組合せ問題を解く」とは、エネルギーが低い量子群の状態を示すことと同じです。

このようなイジングモデルの特徴を用いて、「セールスマンが自分が担当しているいくつかの地点を一度ずつ、すべて訪問して出発点の会社に戻ってくるときの最小の移動距離になる経路を求める」という、いわゆる巡回セールスマン問題を解くには、各地点とその順番を示す量子を格子状に配置します。そして、量子間の相互作用を各地点間の距離としてパラメータを与えます。すると、エネルギーを距離として、総距離が最短になる組合せの量子状態を量子アニーリングマシンが返します。

仮に、担当しているのが、5つの地点だとすると、その組合せは120通り（$5 \times 4 \times 3 \times 2 \times 1 = 120$）で簡単に解けますが、30地点だとすると、$2.7 \times 10^{32}$通りで、スーパーコンピュータでも8億年以上かけないと計算が終わらない問題となってしまいます[22]（日本で開発したスーパーコンピュータ「京」で1秒間に1京〔10^{17}〕回計算した場合の時間です）。

これが「理想的な」量子アニーリングマシンなら、$30 \times 30 = 900$個の量子ビットを使って、速やかに計算できます（実際には、現在のマシンはさまざまな制約のために「理想的な」状況からはほど遠いようです）[22]。

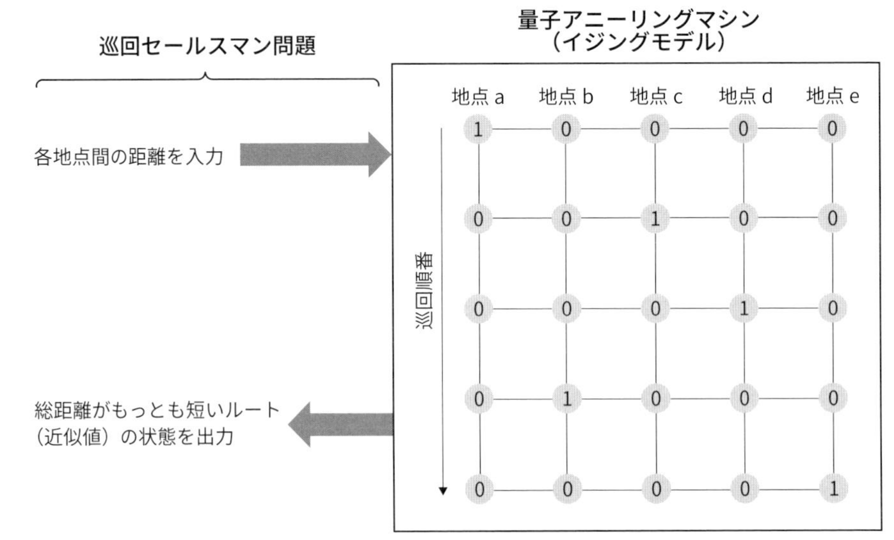

●量子コンピュータを API で使うみたいなモデル●

しかしノードがとるべき値の数だけ量子を配置できれば、あとは誤差が最小となるニューラルネットワークの組合せ状態を、量子アニーリングマシンで解けるのではないかと筆者は妄想しています。

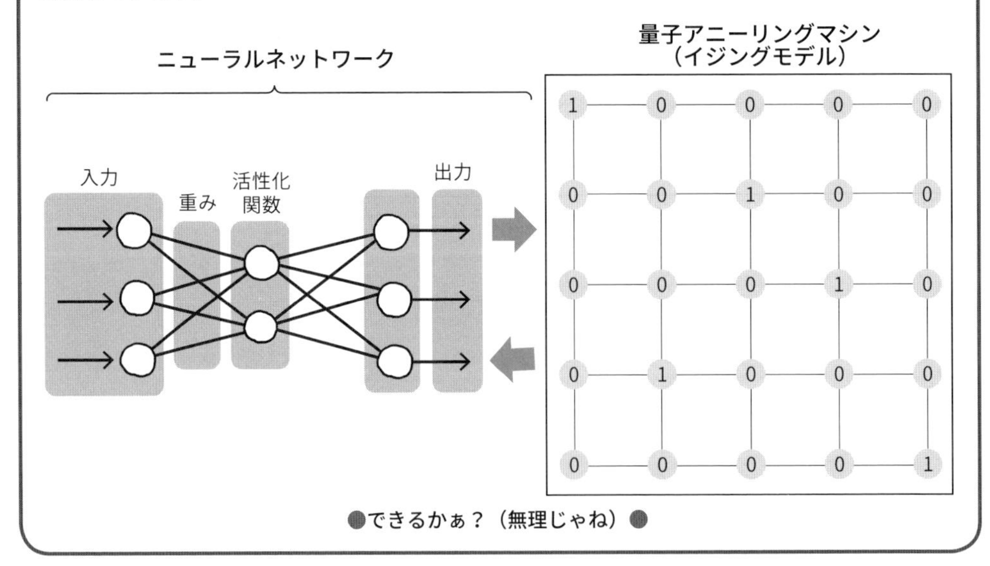

●できるかぁ？（無理じゃね）●

引用文献

[1] Quoc V. Le, Marc'Aurelio Ranzato, Rajat Monga, Matthieu Devin, Kai Chen, Greg S. Corrado, Jeff Dean, Andrew Y. Ng: Building High-level Features Using Large Scale Unsupervised Learning, Appearing in Proceedings of the 29 th International Conference on Machine Learning, Edinburgh, Scotland, UK, 2012.
https://icml.cc/Conferences/2012/papers/73.pdf

[2] 脳科学から見た統合失調症（1-3 神経細胞とシナプス）
https://www.smilenavigator.jp/tougou/about/science/sci01_02.html

[3] Q.V.Le, M.A.Ranzato, R.Monga, M.Devin, K.Chen, G.S.Corrado, J.Dean, A.Y.Ng: Building high-level features using large scale unsupervised learning, VGG reading group September 2012

[4] 脳科学辞典
田中宏喜　受容野　https://bsd.neuroinf.jp/wiki/受容野
伊藤浩之　おばあさん細胞仮説　https://bsd.neuroinf.jp/wiki/おばあさん細胞仮説

[5] RIKEN BRAIN SCIENCE INSTITUTE
bsi.riken.jp/jp/youth/know/structure.html

[6] CNN「『犬は猫よりも賢い』、国際研究で結論　神経細胞数を計測」2017.12.05
https://www.cnn.co.jp/fringe/35111432.html

[7] ウィキペディア
https://ja.wikipedia.org/wiki/正規化
https://ja.wikipedia.org/wiki/オートエンコーダ
https://ja.wikipedia.org/wiki/エンコード
https://ja.wikipedia.org/wiki/シグモイド関数
https://ja.wikipedia.org/wiki/正則化
https://ja.wikipedia.org/wiki/確率的勾配降下法
https://ja.wikipedia.org/wiki/量子
https://ja.wikipedia.org/wiki/シュレーディンガーの猫

[8] 人間の視覚特性 日本工業大学
http://www3.nit.ac.jp/~tamura/multimedia/eye.html

[9] にゃんにゃんタイムズ「猫にはどんな世界が見えているの？猫の視力と視覚について」
https://nagaiki-neko-life.com/愛猫の心と体の変化/猫にはどんな世界が見えているの？猫の視力と視/

[10] 人工知能伝習所
http://artificial-intelligence.hateblo.jp/entry/2016/10/14/080000

[11] unnonouno 写真とカメラとレンズと，たまに研究
http://blog.unnono.net/2011/03

[12] ML Wiki Overfitting
http://mlwiki.org/index.php/Overfitting

［13］ ImageNet
http://www.image-net.org/
［14］ TensorFlow Guide
https://www.tensorflow.org/guide
［15］ Google Cloud Platform
https://cloud.google.com/?hl=ja
［16］ アマゾン社 AWS Machine Learning
https://aws.amazon.com/jp/machine-learning/
［17］ IBM 社 Watson
https://www.ibm.com/watson/jp-ja/
［18］ グーグル社 Google Cloud Platform
https://console.cloud.google.com/apis/library?hl=ja
［19］ マイクロソフト社 Microsoft Azure AI Platform
https://azure.microsoft.com/ja-jp/overview/ai-platform/
［20］ Google Cloud Platform CLOUD VISION API
https://cloud.google.com/vision/?hl=ja
［21］ Google Cloud Platform CLOUD SPEECH API
https://cloud.google.com/speech/?hl=ja
［22］ 西森秀稔、大関真之：量子コンピュータが人工知能を加速する、日経 BP 社（2016）

参考文献

岡谷貴之：深層学習、講談社（2015）
岡谷貴之：「深層学習」の理解を助ける補助資料（第1章～第4章）
http://artificial-intelligence.hateblo.jp/entry/2016/10/12/080000
岡谷貴之：「深層学習」の理解を助ける補助資料（第5章）
http://artificial-intelligence.hateblo.jp/entry/2016/10/14/080000

第2部

API呼び出しのポイント

第1部を読んで、APIとは何か、ディープラーニングとは何か、そして、APIを用いたディープラーニングとはどういうものかを理解していただけたと思います。

それでは、この第2部では、APIをプログラムから呼び出す具体的な導入方法、基本的な使い方について解説していきます。

1章

APIを呼び出す環境を構築しよう

本書は、できるだけ多くの方々に、できるだけ簡単かつ低コストで、ディープラーニングという新たな技術を実務に導入していただくことを目指しています。そして、このための1つの答えが、インターネット上に広く公開されているAPIを使うことだと考えています。

さっそく、以下の解説に沿って、インターネット上に公開されている各種APIの実行環境を構築してみましょう。

1-1 インターネット上に公開されているAPIとは

インターネット上に公開されている**API**は、読者の皆さんのPC環境に備わっているような一般的なコンピュータ上のソフトウェアからでも、インターネット経由で実行することができるようになっています。

APIのような、便利かつ開発に相当の人手、期間やコストがかかるものを、なぜ、各企業が公開しているかと疑問に思われるかもしれません。この理由は、当たり前かもしれませんが、公開する企業側にメリットがあるからです。逆にいえば、**APIを使用するということは、使用する側にデメリット（＝リスク）もある**ことをよく理解してください。

たとえば、NTTコミュニケーションズの開発者ブログでは次ページのように述べられています。

次ページ

〔メリット〕

- 自社技術をブラックボックスにしたまま利用させられる
- ビジネス連携を生むきっかけに
- リーチできない新しい層へのアプローチ
- ワークフローを自動化させられる
- 他社との差別化に
- APIエコノミー形成の一歩に

（AtsushiNakatsugawa：企業がAPIを公開するメリットについて〔2017年5月24日〕https://developer.ntt.com/ja/blog/c8cf1daf-d2f1-49e1-a425-7c8cd4b796b0より引用）

〔注意点〕

- 規約を十分に確認する
- SLA（Service Level Agreement）を確認する
- 有料プランを採用する
- 他サービスとの並列利用
- キャッシュ
- サービス利用者にキーを登録してもらう
- APIキーを利用しないでも取れるデータを確認する
- 自社開発の道を探る

（AtsushiNakatsugawa：APIを利用したビジネスのリスク〔2018年3月11日〕https://developer.ntt.com/ja/blog/cdbf95ab-9f5e-4592-bac2-61e4968a38a9より引用）

読者の皆様は、このようなAPIを導入することのメリットとリスクの両方を、あらかじめよく理解してください。そして、導入する場合は自らの責任において、導入するようにしてください。少なくとも、会社の大事な情報、日ごろから非公開としているような情報、他者に公開する責任が自らにはないような情報は、APIを使ってデータ解析をするべきではありません※1。

さて、APIを使用する前提についてはご理解いただけましたでしょうか。現在このようなインターネット上に公開されるAPIには、Google、Microsoft、Amazon、IBM、Yahooや楽天などのIT企業はもちろん、公共機関からも提供されており、多種多様なAPIが存在します。インターネットの検索サイトを使って、「web　api　便利」などで検索すれば、さまざまなものが見つかるでしょう。

まず、手始めにログインや手続きが不要で利用でき、しくみも簡単なAPIを紹介します。

少し驚かれるかもしれませんが、国の行政機関である国土交通省の付属機関である国土

※1　※本書の記述内容等を利用する行為やその結果に関しては、著作者および出版社では一切の責任をもちません。
※本書の解説内容をお手元のPCで実行するには、多岐にわたる知識が必要ですが、到底1冊でまとまるものではなく、読者の方々の知識量も千差万別のことでしょう。お手数ですが、他の専門書・専門記事等も、必要に応じてご参照ください。

地理院でも、APIを提供しています。

以下のURLにブラウザでアクセスして、国土地理院のサイトを表示してみてください。ここではブラウザにGoogle Chromeを使用しています。

http://maps.gsi.go.jp/development/elevation_s.html　　　(2019年11月現在)

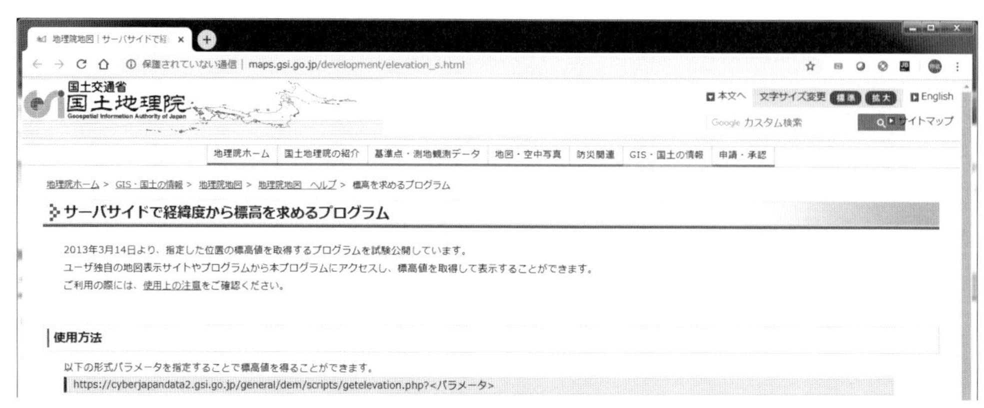

●国土地理院のサイト●

上のようなWebサイトが表示されると思います。さっそく、「以下の形式パラメータを指定することで標高値を得ることができます。」とあるすぐ下のURLをコピーして、末尾の「＜パラメータ＞」以外をブラウザのアドレスバーに入力して、アクセスしてみましょう。すると、次のような結果が表示されるはずです※2。

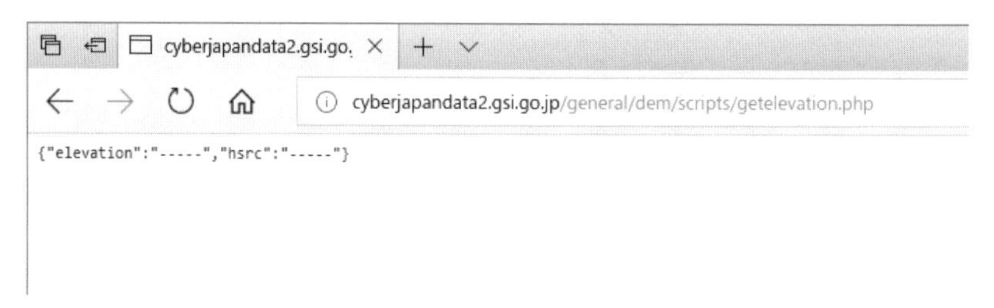

●標高APIの例●

ここで、ブラウザには｛｝で囲まれた以下のような文字が表示されています。

{"elevation":"-----","hsrc":"-----"}

これはインターネット上に公開されているAPIを呼び出した結果です。「インターネッ

※2　このAPIの使用上の注意（http://maps.gsi.go.jp/development/elevation_s.html#attention、2019年11月現在）に、「地理院標高APIを提供するサーバに過度の負担を与えないでください」とありますので、常識の範囲内で利用するようにしましょう。具体的には、手動でブラウザからアクセスするような使い方であれば、まず問題はないでしょうが、1秒の間に何回もアクセスするような利用は避けましょう。

ト上に公開されているAPIを呼び出すこと」とは、つまりは、「あるURLにアクセスすること」と操作上、変わりはないのです。いかにAPIが気軽に利用できるものかを実感いただけたのではないでしょうか。

さて、前ページの結果を順にみていきましょう。次の表は、国土地理院のWebサイトの下のほうにある表です。

●標高APIのアウトプットパラメータの説明●

アウトプットパラメータ	意　味	備　考
elevation	標高値	エラーの場合は「-----」という文字列を返します
hsrc	標高データのデータソース	エラーの場合は「-----」という文字列を返します

「hsrc」は「5 m（レーザ）」「5 m（写真測量）」「10 m」のいずれかの値を取ります。

これにしたがって、もう一度、実行結果の文字列をみてみます。

表から、“elevation”は「標高値」を、“hsrc”は「標高データのデータソース」を表すことがわかります。「いったい何の役に立つのか」、気になるかもしれませんが、細かいところはまずは気にしないで、わかるところから理解を進めましょう。

備考をみると、“-----”はエラーの場合であることがわかります。上のURL中の「<パラメータ>」の部分を利用しなかったので、今回はそれぞれの値がエラーとなっているとわかります。

それでは、パラメータを指定しましょう。国土地理院のWebサイトにある表のさらに下のほうに、パラメータ付きのURLが2つ記載されています。

試しにこれらをWebブラウザのアドレスバーに入力すると、それぞれ次の結果が表示されると思います。

●戻り値をJSONP形式で得たい場合●

myfunc({"elevation":25.3,"hsrc":"5m¥uff08¥u30ec¥u30fc¥u30b6¥uff09"})

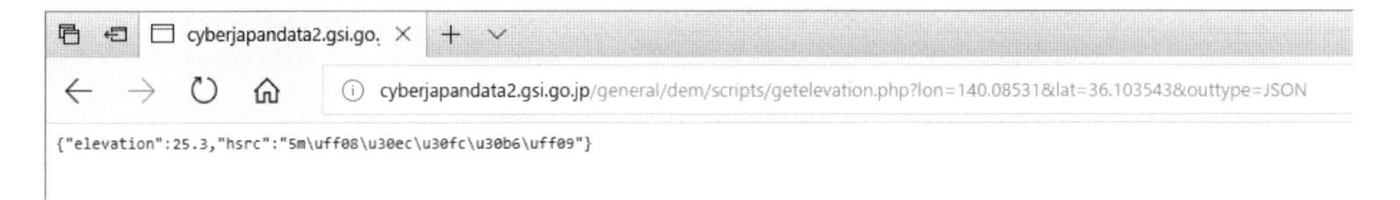

●戻り値をJSON形式で得たい場合●

{"elevation":25.3,"hsrc":"5m¥uff08¥u30ec¥u30fc¥u30b6¥uff09"}

つまり、このWebサイトでは、APIの実行結果を｛｝のまとまりの中で表現しているわけです。図のとおり、いずれも｛｝には"elevation":25.3と、"hsrc":"5m¥uff08¥u30ec¥u30fc¥u30b6¥uff09"が格納されています。

JSON形式とJSONP形式　COLUMN

JSON形式とは、JavaScript Object Notationの略※3で、データをテキストで表現する手段の1つで、JavaScriptに限らずにさまざまな言語間でのデータを受け渡すために用いられます。

このフォーマットは非常に簡単で、データのまとまり（オブジェクト）を｛｝で表現し、オブジェクト内のデータは「キー」と「値」をコロン「:」でつなげて表現します。データが2つ以上ある場合は、カンマ「,」で区切ります。

また、**JSONP形式**とは"JSON with padding"の略※4で、「JSON形式に情報を追加したもの」ものであり、異なるドメイン間でデータを取得するために用いられるものです。

JavaScriptのもつドメインを超えて他のJavaScriptを読み込むしくみを利用するため、JSONPはJavaScriptで書かれています。

Web上のAPIの結果はブラウザで表示できますが、HTTP文書で利用するヘッダー、フッターなどは付いていません。純粋に結果だけが得られます。ソースをみると、それがわかります。

ここで、"elevation"という標高の値が25.3であるということはすぐに読み取れると思いますが、"hsrc"のほうがよくわかりません。しかし、「標高APIのアウトプットパラメータの説明」の表から"hsrc"の値は「5m（レーザ）」「5m（写真測量）」「10m」のいずれかであるはずなので、"5m¥uff08¥u30ec¥u30fc¥u30b6¥uff09"と一見よくわからない文字列ですが、これらのいずれかを指しているはずです。実は「¥uff08¥u30ec¥u30fc¥u30b6¥uff09」はUnicodeで示された文字列です。これをUTF-16BE規格を用いてデコード（復号）し、通常の文字にすると「（レーザ）」となります。つまり、"hsrc"の値は5m（レーザ）であることを表しています。

この情報と、国土地理院のWebサイトの「標高APIのアウトプットパラメータの説明」の表のさらに下にある表より結果を読むと、「標高値23.5mという結果は、航空レーザー測量で得られた5m DEMによるもの」ということを表しているとわかります※5。

以上より、この使用例の地点の標高が23.5mであることが、APIから得ることができました。さて、この「ある地点」とはどこでしょうか。あらためて、使用例のURLをみて

※3　JSONは、ジェイソンと読みます。
※4　JSONPは、ジェイソンピーと読みます。
※5　DEMは、数値標高モデル（Digital Elevation Model）の略で、ここでは約5m四方の間隔で測量されたデータが使用されていることを表しています。

みましょう（下はJSON形式を指定した場合）。

http://cyberjapandata2.gsi.go.jp/general/dem/scripts/getelevation.php?lon=140.08531&lat=36.103543&outtype=JSON　　(2019年11月現在)

さて、URLにパラメータを指定する方法にはいくつかありますが、もっとも簡単な方法が、このURLの後ろに追加するというやり方です。具体的にいうと、URLの最後尾に「?」(クエスチョンマーク）を追加し、その後に「パラメータ名＝値」の形式で追加します。さらに、複数追加する場合は、これらのパラメータを以下のように「&」(アンパサンド）でつなぎます。

<URL>?<パラメータ名>=<値>&<パラメータ名>=<値>…

そして、あらためて上記のURLをみると、3つのパラメータ「lon」「lat」「outtype」に、それぞれ「140.08531」「36.103543」「JSON」という値で指定しているとわかります。

ここで、国土地理院のWebサイトのインプットパラメータの説明の表から、「lon」は経度を、「lat」は緯度を表すことがわかりますので、使用例の地点は経度140.08531、緯度36.103543であるとわかります※6。

いかがでしたでしょうか。ここでは国土地理院の公開しているAPIをもとに、実践的にAPIの解説をしました。

手を動かすことで、直感的な理解は得られたでしょうか。なお、APIの仕様、APIのパラメータなどの解説は、関連の他書やWebサイトを参考にしてください。ただし、APIを理解するうえで重要なことは、（たとえエラーがあったとしても）実際に何度も動かしてみることです。そうすることでわからないことも明確になり、理解が深まります。

本節では、

① インターネット上に公開されているAPIは、WebブラウザでURLにアクセスすることで実行できる。
② APIに渡す条件は、パラメータとして指定することができる。
③ 結果は、JSON形式などのソフトウェアが扱いやすい形式で取得することができる。

ことを解説しました。

しかし、WebブラウザではURLにアクセスするのも、パラメータを指定することも、ひと苦労です。さらに、呼び出した結果が表示されるだけで、次の処理につなげることができません。したがって、通常、APIはソフトウェアから呼び出します。

次節では、プログラムを使ってインターネット上のAPIを呼び出す方法を解説します。

※6　試しにGoogleMapでこの場所を確認すると、そこは茨城県つくば市の国土地理院であることがわかります。

1-2　Pythonを用いたAPIの呼び出し

Pythonは近年、もっとも人気のあるプログラミング言語の１つとなっています。とくに機械学習の分野で多く使われていることがブースターとなり、人気に拍車がかかっているようです。

それではPython開発環境（実行環境）の構築手順を紹介します。

① Pythonのダウンロードページにアクセスします。

https://www.python.org/downloads/

② 最新版のPythonをダウンロードします※7。

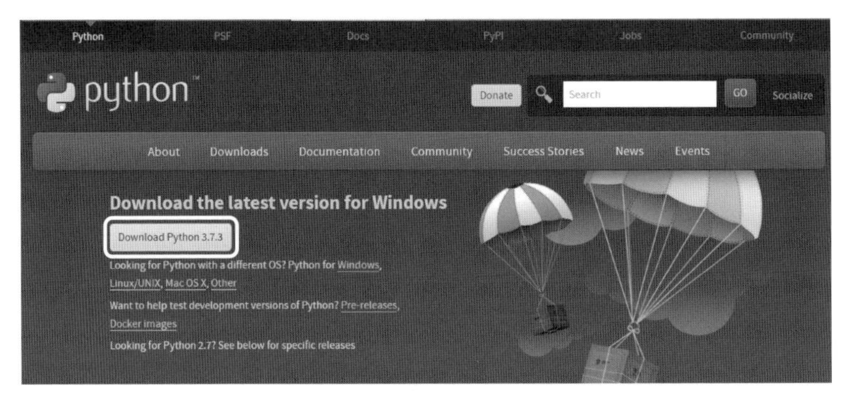

● Pythonダウンロードページ●

③ ダウンロードしたインストーラを実行します。

④「Add Python 3.7 to PATH」をチェックして、「Customize installation」を選択します。

※7　執筆時点のバージョン3.7.3で説明します。

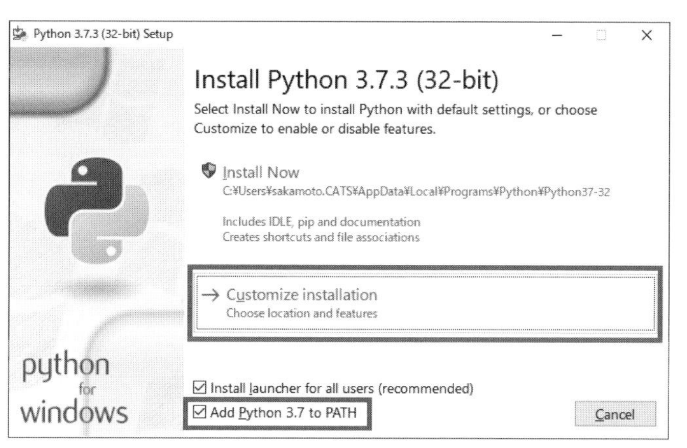

●インストーラ起動画面●

⑤ここは変更せずに、次に進みます。

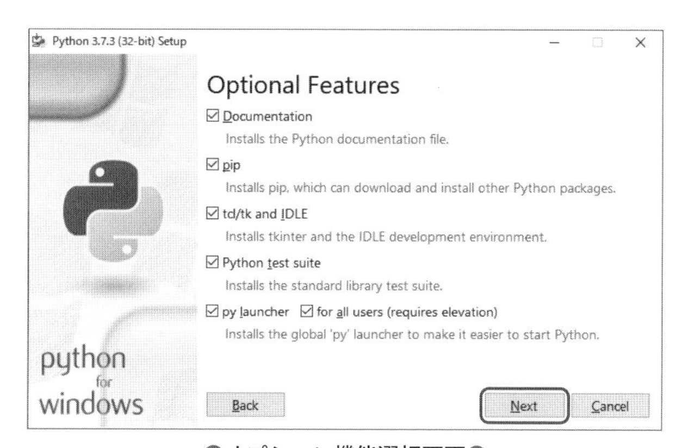

●オプション機能選択画面●

⑥「Install for all users」をチェックして、インストールします。

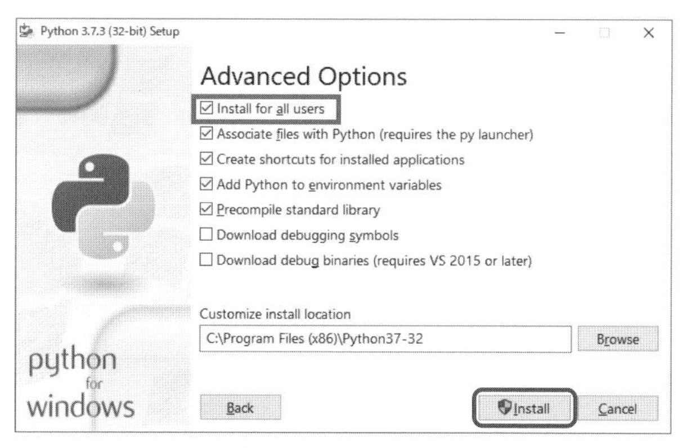

●拡張オプション画面●

⑦インストールが完了したら、インストーラを閉じます。

●インストール完了画面●

⑧Windowsキーを押して「環境変数」を検索し「環境変数を編集」を選択します。

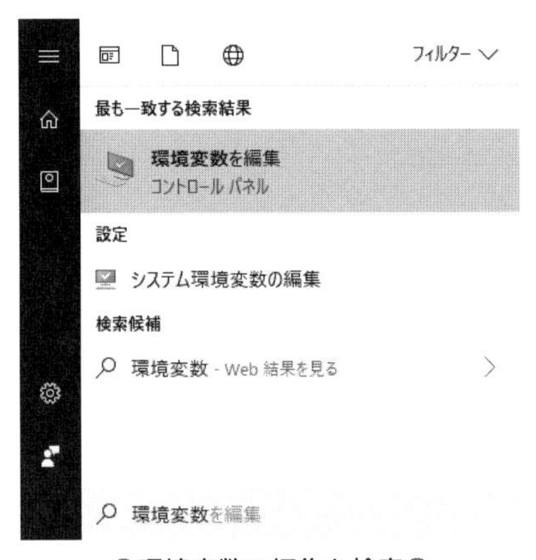

●環境変数の編集を検索●

⑨「XXX（ログイン名）のユーザー環境変数」の「Path」を選択して「編集（E)」をクリックします。

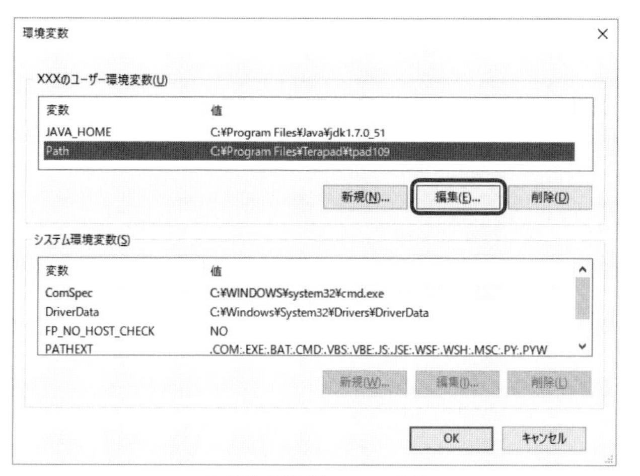

●環境変数ダイアログ●

⑩「新規 (N)」をクリックしてスクリプトフォルダのパスを入力して、「OK」をクリックします※8。そして「OK」をクリックして終了します。

スクリプトフォルダパス：C:¥Program Files (x86)¥Python37-32¥Scripts

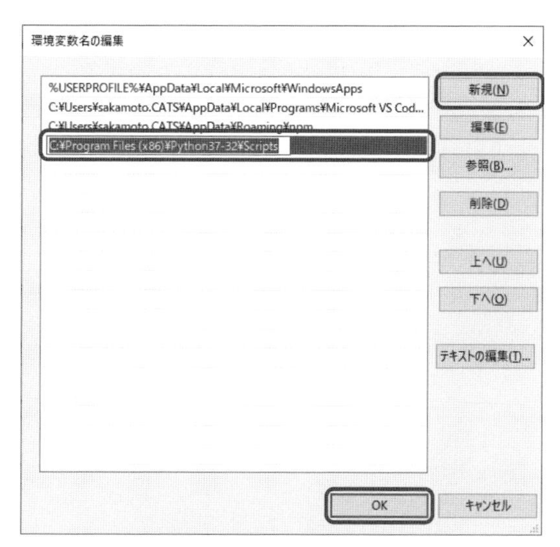

●環境変数 Path の編集ダイアログ●

※8　環境変数 Path に特定のパスを入力することを、俗に「パスを通す」と呼びます。

⑪「power shell」と検索し、「Windows PowerShell」を選択します。

● Windows PowerShell の検索結果●

⑫ 簡単な処理を実行させて、動作確認します。

Windows PowerShell に「python」と入力し、Enter キーを押します。

次に、「`print("Hello, world!")`」と入力して、Enter キーを押します。

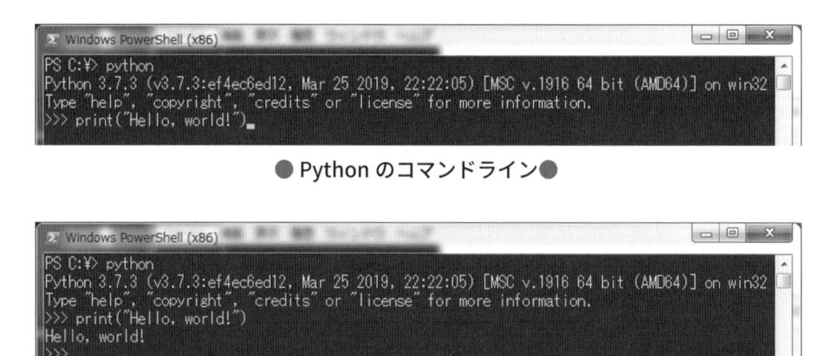

● Python のコマンドライン●

●処理の実行結果（正常にインストールされていることの確認）●

⑬ 続いて、pip 機能をアップグレードします。Windows PowerShell を右クリックして、管理者として実行します。

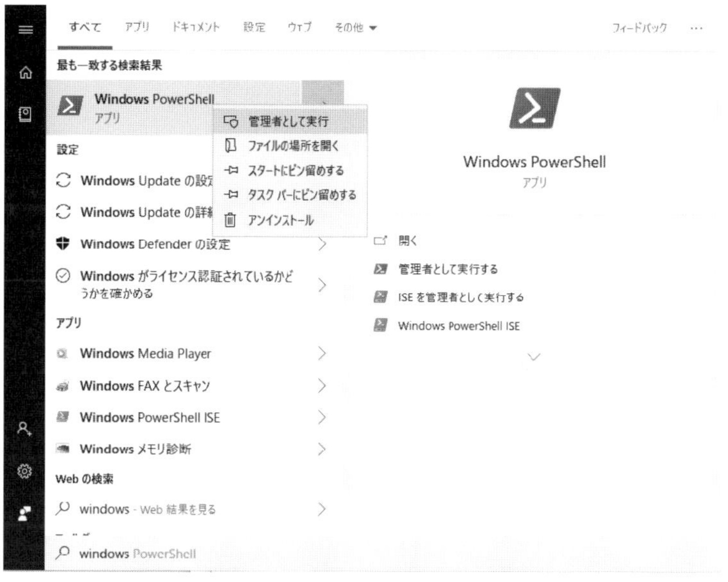

● Windows PowerShell の実行●

⑭「pip install requests」と入力して実行します。

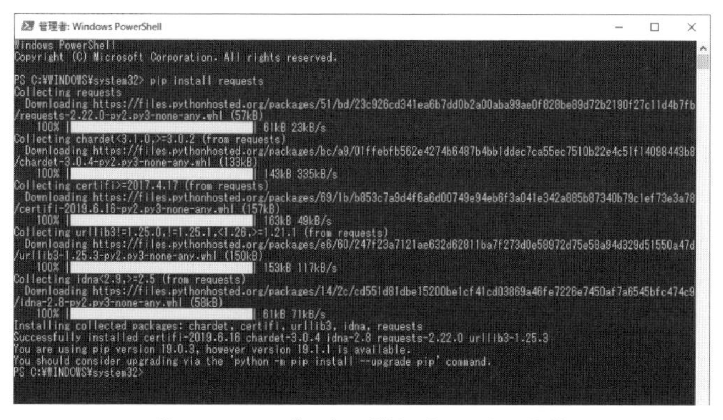

● requests パッケージをインストール●

⑮ 上記終了後、続けて「`python -m pip install --upgrade pip`」と入力して実行します※9。

※9　本書における Python の実行は、PowerShell で行います。

```
管理者: Windows PowerShell
PS C:¥WINDOWS¥system32> python -m pip install --upgrade pip
Collecting pip
  Downloading https://files.pythonhosted.org/packages/5c/e0/be401c003291b56efc55aeba6a80ab790d3d4cece2778288d65323009420
/pip-19.1.1-py2.py3-none-any.whl (1.4MB)
    100% |████████████████████████████████| 1.4MB 276kB/s
Installing collected packages: pip
  Found existing installation: pip 19.0.3
    Uninstalling pip-19.0.3:
      Successfully uninstalled pip-19.0.3
Successfully installed pip-19.1.1
PS C:¥WINDOWS¥system32>
```

●pip機能をアップグレード●

それでは、前の節で解説した国土地理院のWebサイトを引き続き使用し、Pythonによる標高値を取得するコードを示します。viiiページを参照して本書のソースコード一式をダウンロードして、PCの「Windows (C:)」の直下に置いてください。その中のWebAPI.pyをテキストエディタで開くと、以下のとおりです。

■Pythonを使った標高APIの利用（WebAPI.py）■

```
import requests

url='http://cyberjapandata2.gsi.go.jp/general/dem/scripts/getelevation.php'
params={'lon':140.08531,'lat':36.103543,'outtype':'JSON'}
r = requests.get(url,params=params)
print(r.text)
```

ここでは、“requests”というモジュールを利用することで、HTTP通信を非常に簡潔に記述しています。また、“url”には呼び出すAPI（ここでは国土地理院のURL)、“params”にはパラメータを指定しています。

そして、r=request.get(url,params=params)によってパラメータを指定してurlにHTTP通信を行っています。結果を変数rに得て、print(r.text)で、画面に取得した結果のテキストを表示しています。

PowerShellに「cd C:¥samples」と入れ、次に「python WebAPI.py」と入れた実行結果は以下のようになり、ブラウザで実行した場合と同じ結果が取得できることがわかります（ここではPowerShellでPythonを実行しています)。

```
管理者: Windows PowerShell
Windows PowerShell
Copyright (C) Microsoft Corporation. All rights reserved.

PS C:¥WINDOWS¥system32> cd C:¥samples
PS C:¥samples> python WebAPI.py
{"elevation":25.3,"hsrc":"5m¥uff08¥u30ec¥u30fc¥u30b6¥uff09"}
PS C:¥samples> _
```

●実行結果●

1-3　Java を用いた API の呼び出し

次に、Java を使ってインターネット上の API を実行する方法を解説します。

Java は、CPU や OS を隠ぺいする仮想マシンである Java VM（Virtual Machine）上で実行される構造になっており、OS が異なる環境でも動作するアプリケーションを簡単に作成できることが特長の1つです。

さらに Java VM は、いまでは Scala、Kotlin、Groovy、Clojure など、さまざまなプログラミング言語の実行環境にもなっています。なかでも、Kotlin は Android のアプリケーション開発言語に採用されたことで一気に知名度が上がった言語です。

さて、Java アプリケーションを開発する Java 開発環境の構築手順を紹介します。

Java インストール手順

①Amazon Corretto のダウンロードページにアクセスします。

https://aws.amazon.com/jp/corretto/　　　（2019 年 11 月現在）

②「Amazon Corretto 8 をダウンロードする」を選択します。

● Amazon Corretto 8 をダウンロード●

③自分の PC 環境に合ったダウンロード用のリンクを選択します。

たとえば、開発に使用する PC が Windows 10（64-bit）ならば、「Windows x64」の

Downloadリンク（amazon-corretto-8.212.04.2-windows-x64.msi※10）を選択します。

Amazon Corretto 8

Platform	Type	Download Link	Checksum (MD5)	Sig File
Linux x64	JDK	java-1.8.0-amazon-corretto-jdk_8.212.04-2_amd64.deb	a04bc41d62ce8ed25bdb10d2a4fada88	
		java-1.8.0-amazon-corretto-devel-1.8.0_212.b04-2.x86_64.rpm	461739abc1fc08b89b5540d4fa05993b	
		amazon-corretto-8.212.04.2-linux-x64.tar.gz	782d5452cd7395340d791dbdd0f418a8	Download
Windows x64	JDK	amazon-corretto-8.212.04.2-windows-x64.msi	e407008f9d0dba66727eebbd05c8f8c9	
		amazon-corretto-8.212.04.2-windows-x64-jdk.zip	b84eece357bbab8597baa3a415664fc3	Download
	JRE	amazon-corretto-8.212.04.2-windows-x64-jre.zip	deb7ec26424544cae79295ed1d31fe3d	Download
Windows x86	JDK	amazon-corretto-8.212.04.2-windows-x86.msi	d815daace082388fd5d07579dde7039b	
		amazon-corretto-8.212.04.2-windows-x86-jdk.zip	0e69cdded96c99c65485ba75b569a4d6	Download
	JRE	amazon-corretto-8.212.04.2-windows-x86-jre.zip	e2e774344fc1ce059145cd6549a2bd08	Download
macOS x64	JDK	amazon-corretto-8.212.04.2-macosx-x64.pkg	5df84d4c79503705da8d7f468e3b63f4	
		amazon-corretto-8.212.04.2-macosx-x64.tar.gz	df2d5187cbcbfbbfb3f95883ae064c9d	Download
Amazon Linux 2 x64	JDK	java-1.8.0-amazon-corretto-devel-1.8.0_212.b04-2.amzn2.x86_64.rpm	74f156b10073bf19f754c3250294d0f2	
	JRE	java-1.8.0-amazon-corretto-1.8.0_212.b04-2.amzn2.x86_64.rpm	9dd471332016360a6ea8adccdba8bb44	
Amazon Linux 2 aarch64 (experimental)	JDK	java-1.8.0-amazon-corretto-devel-1.8.0_212.b04-2.amzn2.aarch64.rpm	240c93cc258d1b9c0f9091849d1336f9	
	JRE	java-1.8.0-amazon-corretto-1.8.0_212.b04-2.amzn2.aarch64.rpm	5b796b326737d87e749449addf941677	

●ダウンロード画面●

④ダウンロードしたファイルを実行します。

●インストーラ起動画面●

※10　Javaのバージョンは執筆時点のものです。
また、お手持ちのPCにおけるWindows 10のシステムの種類は「スタート」→「Windowsシステムツール」→「コントロールパネル」→「システム」で確認できます。

⑤オプションは何も変更せずに次へ進みます。

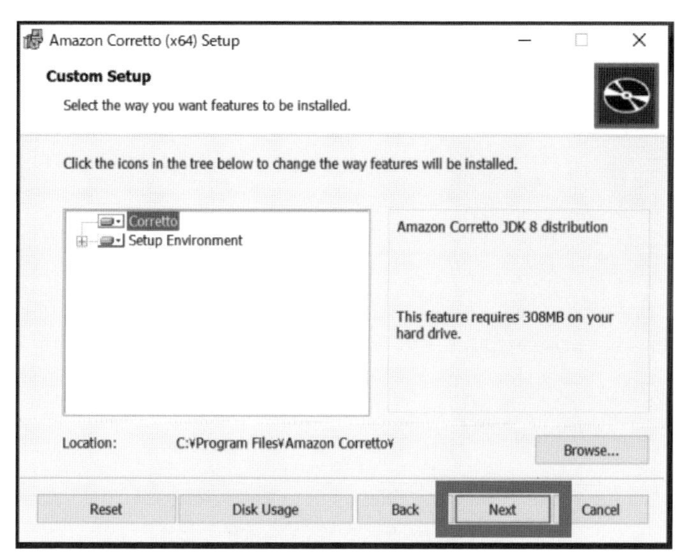

●インストールオプション選択画面●

⑥Amazon Correttoをインストールします。
インストールが完了するまでしばらく待ちます。

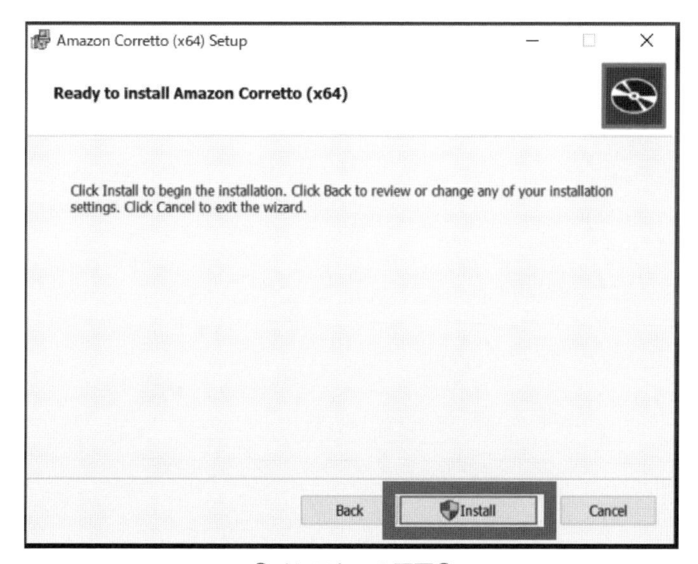

●インストール画面●

⑦インストーラを閉じます。

●インストール完了画面●

⑧インストールが正常に行われたか確認します。

Windowsキーを押して、「コマンドプロンプト」を検索し、コマンドプロンプトを起動し、Javaのコマンドが実行できるか確認します。コマンドプロンプトはWindowsキーを押しながらRキーを押して「ファイルを指定して実行」ダイアログの中で「cmd」と入力して「OK」を押すことでも起動できます。

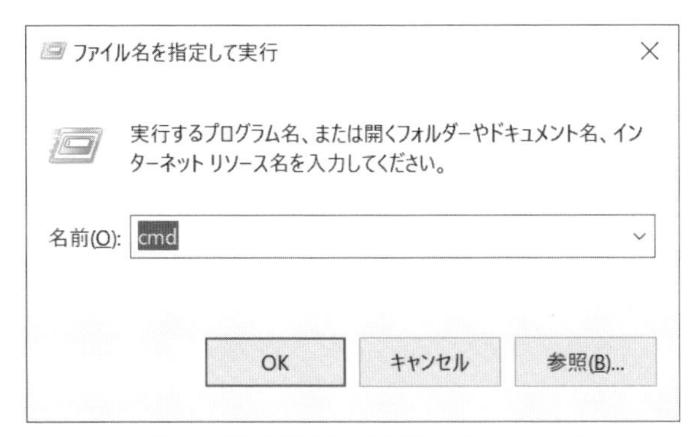

●「ファイルを指定して実行」ダイアログ●

表示されたコマンドプロンプトで以下を入力してEnterキーを押して実行します。

```
C:> java -version
```

以下のようなバージョン表記が出力されたら、インストールは成功しています。

■インストール成功例■

```
openjdk version "1.8.0_212"
OpenJDK Runtime Environment Corretto-8.212.04.2 (build 1.8.0_212-b04)
OpenJDK 64-Bit Server VM Corretto-8.212.04.2 (build 25.212-b04, mixed mode)
```

Eclipseのインストール手順とJavaプログラムの実行

ここでは、Javaプログラミングに使うEclipseをインストールします。Eclipseはプログラミングのほか、デバッグやプログラムの実行に使うソフトウェアです。

①Eclipseのダウンロードサイトにアクセスします。

https://www.eclipse.org/downloads/　　（2019年11月現在）

②Get Eclipse IDEとある下の「Download Packages」をクリックします※11。

●Eclipseのダウンロードサイト●

③「Eclipse IDE for Java Developers」の中からお使いの環境に応じてダウンロードしてください。以下では「Windows 64-bit」を選択しています。

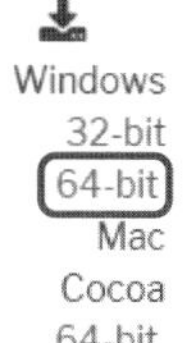

●エディションの選択画面●

※11　執筆時点のバージョンで説明しています。

④「Download」をクリックし、ダウンロード先を指定します。

●ダウンロード確認画面●

⑤ダウンロードしたzipファイルを、任意のフォルダに展開します。

インストールは以上で完了です。

Eclipseを起動するには、展開した「eclipse」のフォルダ内にある「eclipse.exe」をダブルクリックします。現れるウィンドウで「Launch」をクリックします。

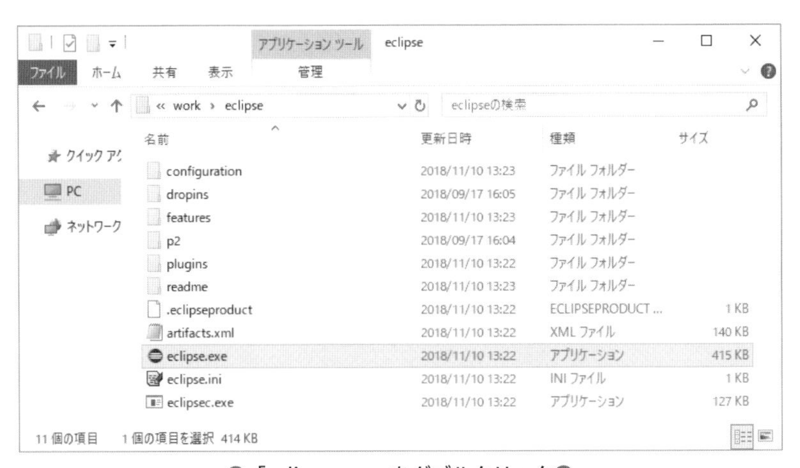

●「eclipse.exe」をダブルクリック●

Eclipseが起動したら右上の「Workbench」ボタンをクリックします。この操作が煩わしい場合は右下の「Always show Welcome at start up」のチェックボックスを外すことで次回からスキップすることができます。

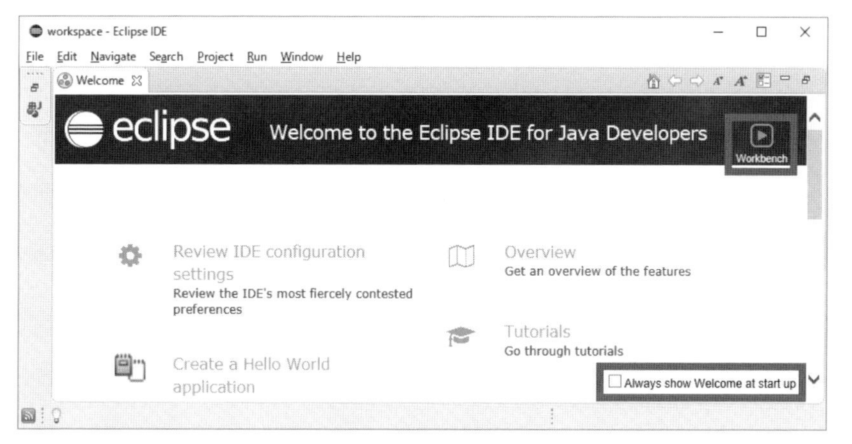

● Eclipse 起動画面●

本書のJavaアプリケーション開発は、このJavaパースペクティブ※12で行います。

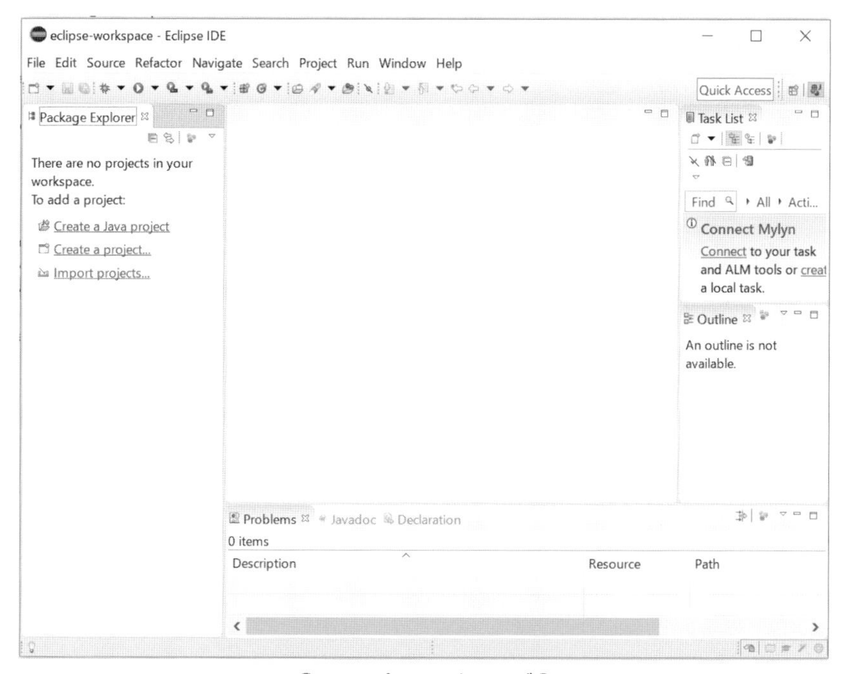

● Javaパースペクティブ●

※12　Eclipseでは、作業スペースのことを「パースペクティブ」と呼びます。

Javaを用いたAPIの呼び出し

それではJavaプログラムを動かしてみましょう。

① 前節と同様の処理をJavaで記述し、Eclipseで動作確認していきます。Javaパースペクティブを表示した状態で、「File」メニューから「New」→「Java Project」を選択します。

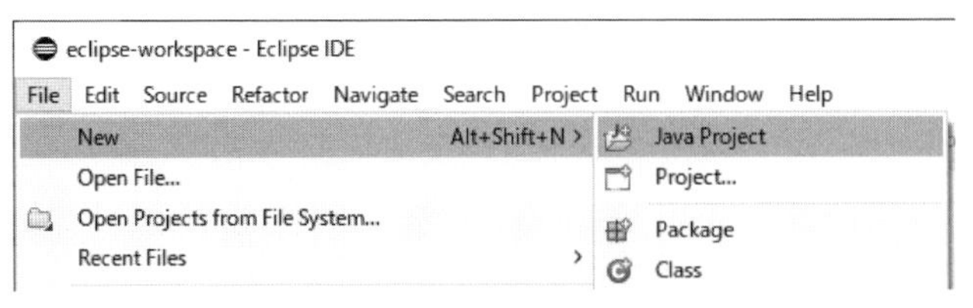

● Javaプロジェクトの作成●

② プロジェクト名（Project name）に「WebAPI」を指定して「Finish」ボタンでプロジェクトを作成します。

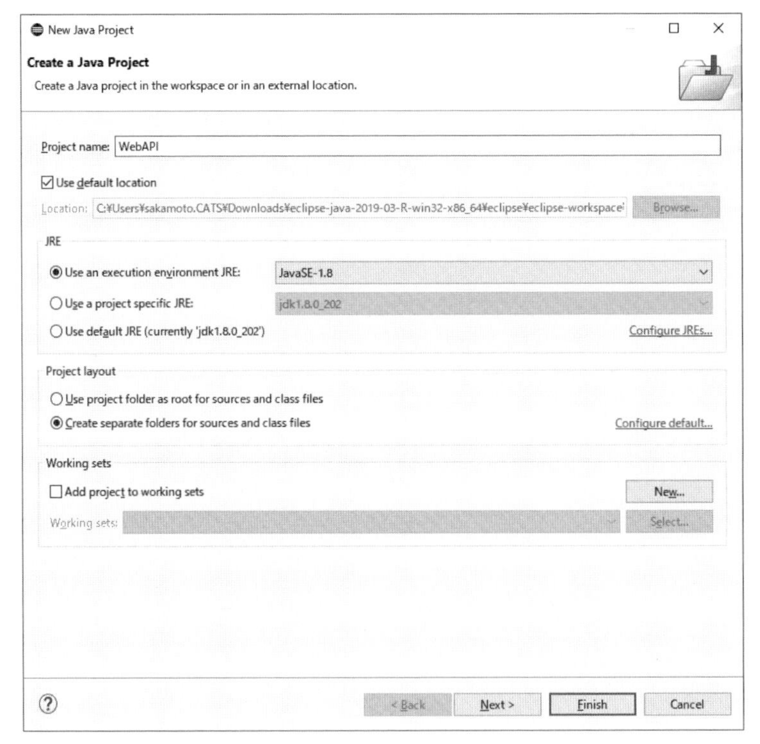

● Javaプロジェクトの作成ウィザード●

③作成したプロジェクトでApache HttpComponentsが使用できるように設定します。

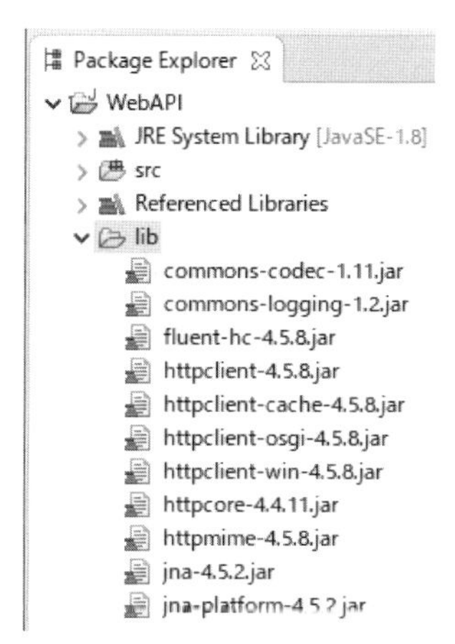

●Apache HttpComponentsの設定●

〔ライブラリのインポート手順〕

Javaで簡単にHTTP通信を行うライブラリであるApache HttpComponentsのダウンロードとJavaプロジェクトへの設定方法を説明します。

③-1　Apache HttpComponentsをダウンロードします。
以下のサイトにアクセスし､「Binary」の「4.5.8.zip※13」をダウンロードします。

https://hc.apache.org/downloads.cgi　　(2019年11月現在)

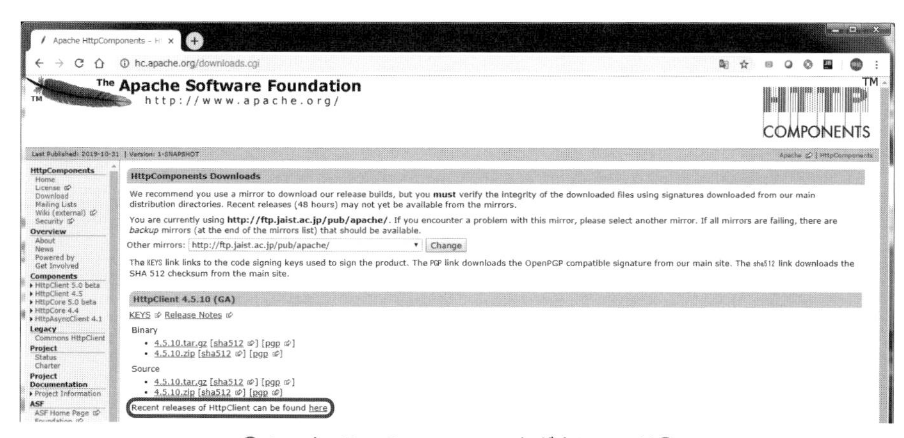

●Apache HttpComponentsをダウンロード●

※13　執筆時点のバージョン4.5.8で説明します。4.5.8は「Recent releases of HttpClient can be found here」の「here」をクリックして「binary/」をクリックすると見つかります。

③-2　Apache HttpComponentsライブラリをEclipseのJavaプロジェクトに設定します。
ダウンロードしたzipファイルを展開し、その中の「lib」フォルダを「Ctrl + C」キーを押してコピーします。その後、Eclipseを表示し、Package Explorerで、このライブラリを使うJavaプロジェクト（以下ではWebAPI）を選択して「Ctrl + V」キーを押してペーストします。

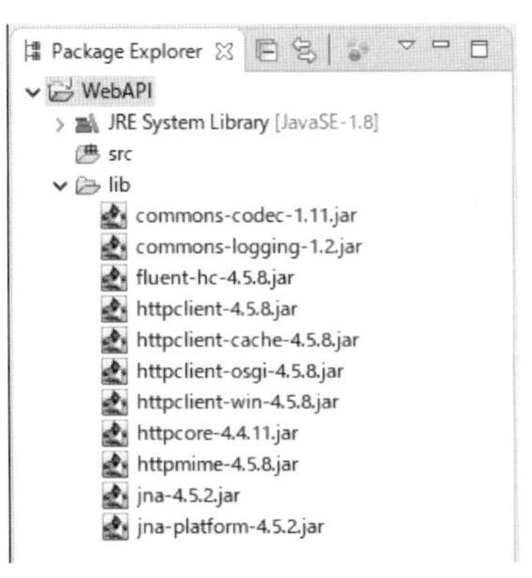

●「lib」フォルダをペースト●

③-3　Javaプロジェクトを選択したまま、「Alt + Enter」キーを押してプロジェクトの設定ダイアログを表示します。表示された左側のツリーから「Java Build Path」を選択し、右上側の「Libraries」タブを選択します。その後、「Add JARs...」ボタンをクリックします。

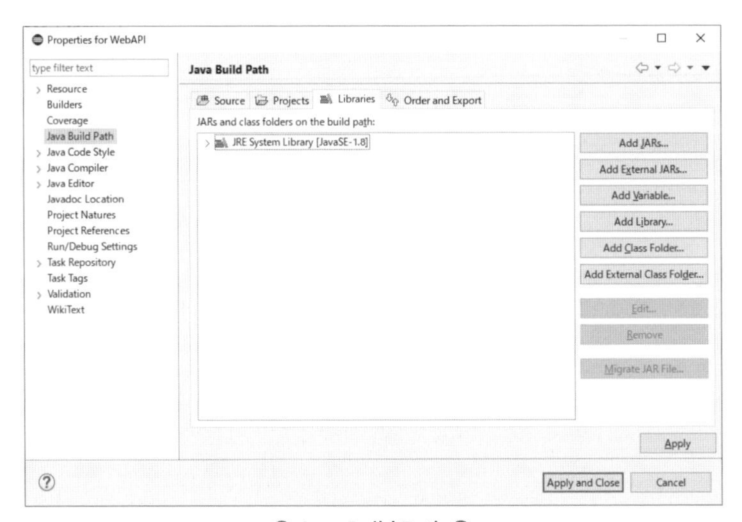

● Java Build Path ●

③-4　表示された「JAR Selection」ダイアログで、コピーしたlibフォルダの中にある.jarファイルをすべて選択して「OK」をクリックします。

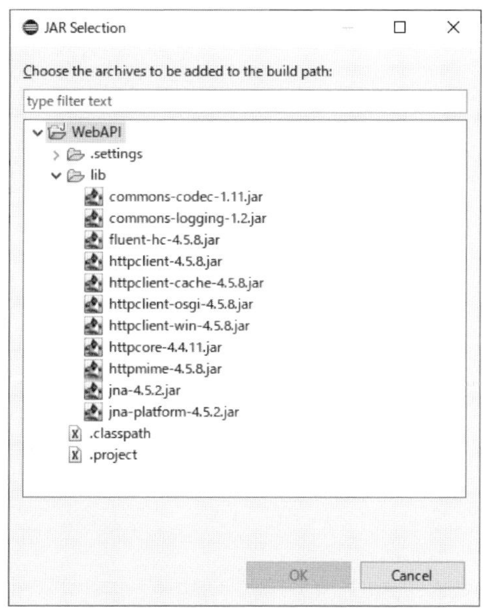

●「JAR Selection」ダイアログ●

③-5　その後、「Apply and Close」ボタンをクリックしてダイアログを閉じます。これでApache HttpComponentsライブラリが使用できるようになります。

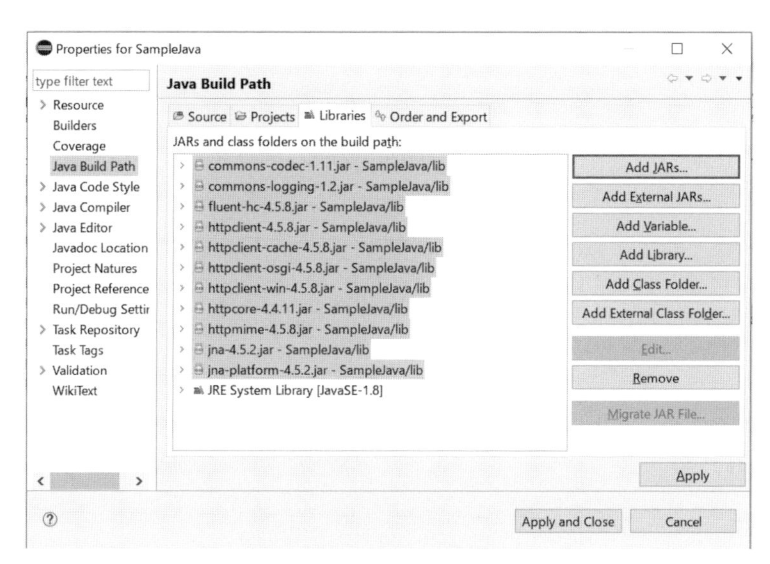

● Java Build Path ●

④「src」フォルダを選択して右クリックメニューから「New」→「Class」を選択します。

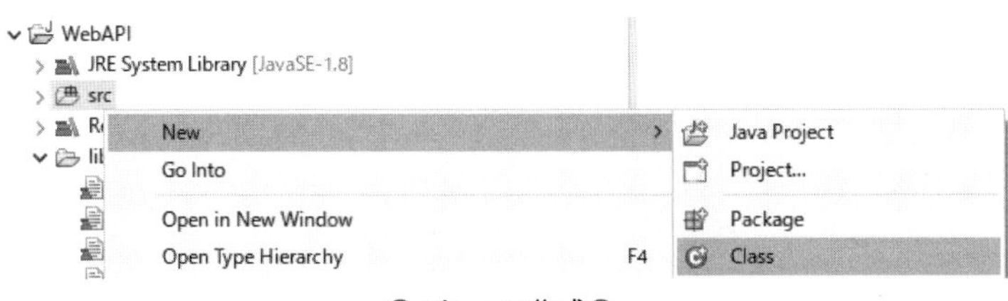

●Class の作成●

⑤クラス名（ここでは WebAPI）を中段の Name で指定して「Finish」ボタンをクリックします。

●Class 作成ウィザード●

⑥以下の Java のコードを記述※14 し、保存（メニューの「File」→「Save」）します。

※14　長いので、viii ページから入手したダウンロードファイル（WebAPI.java）をテキストエディタで開いて、コピーアンドペーストしてもよいでしょう。ただし、そのときは「すべてを選択」してから、もとをすべて消す形で、ペーストしてください。

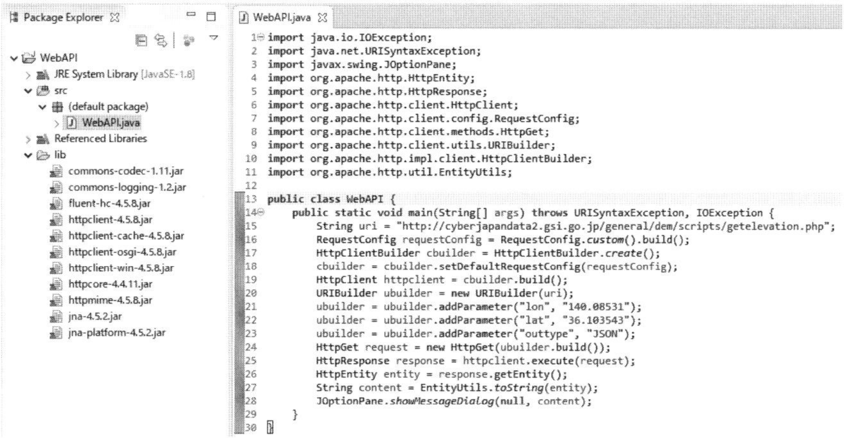

```
Package Explorer
WebAPI
  JRE System Library [JavaSE-1.8]
  src
    (default package)
      WebAPI.java
  Referenced Libraries
  lib
    commons-codec-1.11.jar
    commons-logging-1.2.jar
    fluent-hc-4.5.8.jar
    httpclient-4.5.8.jar
    httpclient-cache-4.5.8.jar
    httpclient-osgi-4.5.8.jar
    httpclient-win-4.5.8.jar
    httpcore-4.4.11.jar
    httpmime-4.5.8.jar
    jna-4.5.2.jar
    jna-platform-4.5.2.jar
```

```
WebAPI.java
1  import java.io.IOException;
2  import java.net.URISyntaxException;
3  import javax.swing.JOptionPane;
4  import org.apache.http.HttpEntity;
5  import org.apache.http.HttpResponse;
6  import org.apache.http.client.HttpClient;
7  import org.apache.http.client.config.RequestConfig;
8  import org.apache.http.client.methods.HttpGet;
9  import org.apache.http.client.utils.URIBuilder;
10 import org.apache.http.impl.client.HttpClientBuilder;
11 import org.apache.http.util.EntityUtils;
12
13 public class WebAPI {
14     public static void main(String[] args) throws URISyntaxException, IOException {
15         String uri = "http://cyberjapandata2.gsi.go.jp/general/dem/scripts/getelevation.php";
16         RequestConfig requestConfig = RequestConfig.custom().build();
17         HttpClientBuilder cbuilder = HttpClientBuilder.create();
18         cbuilder = cbuilder.setDefaultRequestConfig(requestConfig);
19         HttpClient httpclient = cbuilder.build();
20         URIBuilder ubuilder = new URIBuilder(uri);
21         ubuilder = ubuilder.addParameter("lon", "140.08531");
22         ubuilder = ubuilder.addParameter("lat", "36.103543");
23         ubuilder = ubuilder.addParameter("outtype", "JSON");
24         HttpGet request = new HttpGet(ubuilder.build());
25         HttpResponse response = httpclient.execute(request);
26         HttpEntity entity = response.getEntity();
27         String content = EntityUtils.toString(entity);
28         JOptionPane.showMessageDialog(null, content);
29     }
30 }
```

● Javaを使ったAPI実行コード●

■ Javaを使った標高APIの利用（WebAPI.java）■

```
import java.io.IOException;
import java.net.URISyntaxException;
import javax.swing.JOptionPane;
import org.apache.http.HttpEntity;
import org.apache.http.HttpResponse;
import org.apache.http.client.HttpClient;
import org.apache.http.client.config.RequestConfig;
import org.apache.http.client.methods.HttpGet;
import org.apache.http.client.utils.URIBuilder;
import org.apache.http.impl.client.HttpClientBuilder;
import org.apache.http.util.EntityUtils;

public class WebAPI {
  public static void main(String[] args) throws URISyntaxException,
IOException {
    String uri = "http://cyberjapandata2.gsi.go.jp/general/dem/
scripts/getelevation.php";
    RequestConfig requestConfig = RequestConfig.custom().build();
    HttpClientBuilder cbuilder = HttpClientBuilder.create();
    cbuilder = cbuilder.setDefaultRequestConfig(requestConfig);
    HttpClient httpclient = cbuilder.build();
    URIBuilder ubuilder = new URIBuilder(uri);
    ubuilder = ubuilder.addParameter("lon", "140.08531");
    ubuilder = ubuilder.addParameter("lat", "36.103543");
    ubuilder = ubuilder.addParameter("outtype", "JSON");
    HttpGet request = new HttpGet(ubuilder.build());
    HttpResponse response = httpclient.execute(request);
    HttpEntity entity = response.getEntity();
    String content = EntityUtils.toString(entity);
    JOptionPane.showMessageDialog(null, content);
  }
}
```

“uri”にはPythonと同じように標高APIのURLのパラメータを除いて指定しています。その後の一連のコードは、慣れるまで読み解くことは難しいと思いますが、まずはこのように記述するものだと覚えたほうがよいでしょう。コーディングにおいては、正しく動くことが保証されているコードについては「どのようなことを行っているのか」という大まかな全体像を理解することが大切です。個々の細かな処理の内容は、そのときどきで必要に応じて理解すると割り切りましょう。たとえば、上の例であれば、「最終的に`HttpResponse response = httpclient.execute(request);`というコードでHTTP通信を行っている」という理解が大切で、それ以前のコードは、「`httpclient`や`request`を設定するためのコード」というような理解で当面は十分です。

⑦メニューの「Run」→「Run」を選択して実行します。

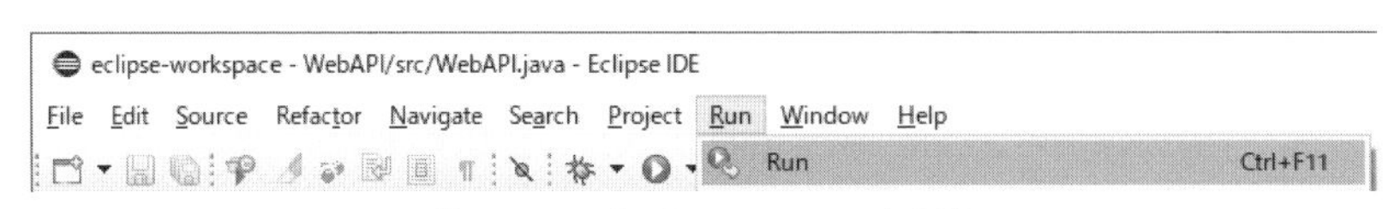

● Javaアプリケーションの実行 ●

Javaでは簡単にGUI※15で表示できますので、メッセージダイアログとして表示してみました。実行結果は次のようになります。こちらも前節のWebブラウザで実行した場合と同じ結果が取得できています。

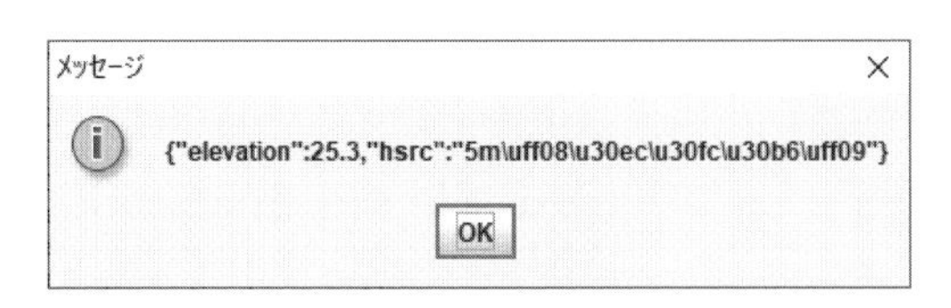

● API実行結果 ●

※15　GUI（Graphical User Interface；グラフィカル・ユーザー・インタフェース）は、メッセージダイアログのほか、モニタに表示されるウィンドウやアイコンなど、マウスなどを使ってポインティングデバイスで操作できるインターフェースをいいます。WindowsやMac OSではおなじみのものです。

Java プロジェクトのインポート手順 COLUMN

ここでは本書で使用するプロジェクトについて、ダウンロードしたファイルをインポートする手順を説明します。

① Eclipse を起動します。メニューから「File」→「Switch Workspace」→「Others」で、新しいワークスペース（下では「new-workspace」）を指定し、「Launch」をクリックします。

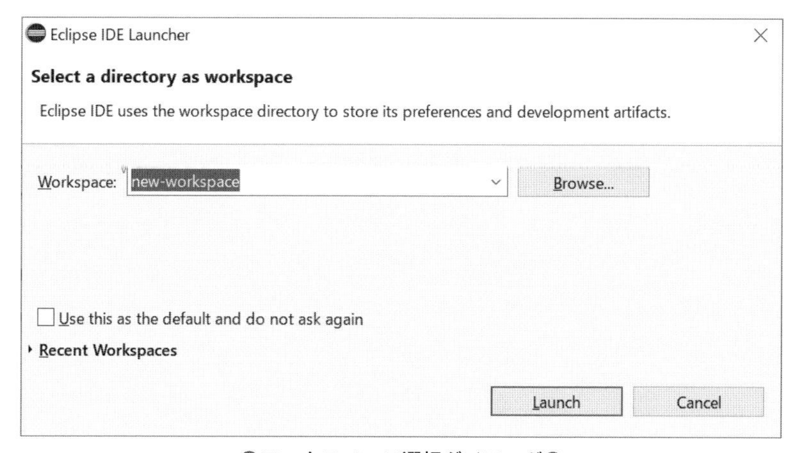

●ワークスペース選択ダイアログ●

② Package Explorer にある「Import projects」をクリックします。

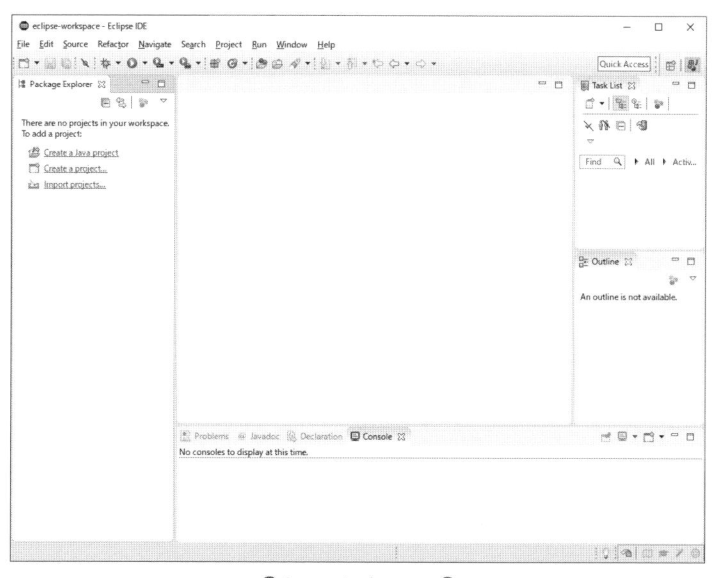

● Import メニュー●

③ Import ウィザードの選択画面上で、「General」→「Existing Projects into Workspace」を選択し、「Next」ボタンをクリックします。

● Import ウィザード●

④「Select root directory」の項目で使用するプロジェクトを指定します。その後「Finish」ボタンをクリックしてインポートを完了します。

● Import ウィザード●

インポートが完了すると、Package Explorer にプロジェクトが表示されます。

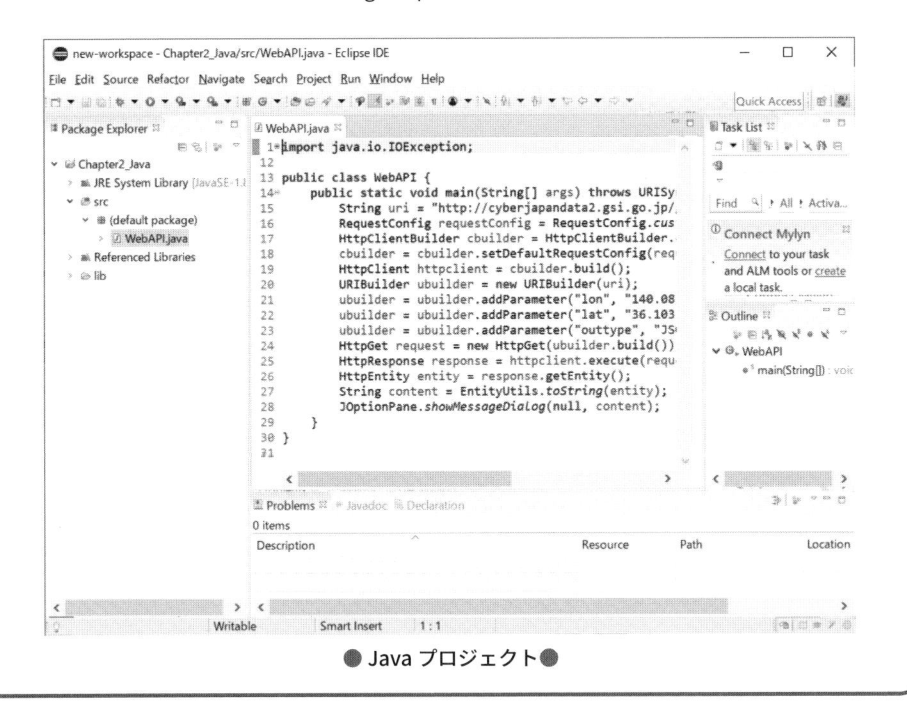

● Java プロジェクト●

1-4　JavaScript を用いた API の呼び出し

続いて、JavaScript を使って Web 上の API を呼び出す方法を解説します。JavaScript はインターネットを支えるもっとも重要な言語の1つであり、Web ブラウザを搭載したデバイス上であれば実行できるという特長を踏まえると、使うシーンはかなり広いかもしれません。

なお、JavaScript は Web ブラウザ上で実行できますので、Windows であればデフォルトでインストールされている Microsoft Edge や Internet Explorer で実行できます。ただし、JavaScript の実行を許可してください。

前節までと同様の処理を HTML と JavaScript で書いたものが次ページのソースコードです。筆者の用意したサンプル（viii ページ参照）ではファイル名を WebAPI.html としています。HTML の中で JavaScript が記述されています。

ここでは、54 ページで解説した JSONP 形式を使って、API を呼び出しています。API が JSONP に対応しているので、script タグ内に他ドメインの JavaScript を読み込む記述だけですみます。HTTP通信を行う特別な記述も必要ありません。

■HTTPとJavaScriptを使った標高APIの利用（WebAPI.html）のソースコード全体■

```
<!DOCTYPE html>
<html lang="ja">
  <head>
    <meta charset="utf-8">
    <title>APIの呼び出し</title>
  </head>
  <bod>
    <div id="text"></div>
    <script type="text/javascript">
    var myfunc = function(json) {
        var div = document.getElementById("text");
        div.textContent = JSON.stringify(json);
    }
    </script>
    <script src="http://cyberjapandata2.gsi.go.jp/general/dem/
scripts/getelevation.php?lon=140.08531&lat=36.103543&callback=myfu
nc"></script>
  </bod>
</html>
```

<script> … </script>で囲まれた部分がJavaScriptのソースコードです。ソースコードには2つあります。

このうち、1つめのほうで関数“myfunc”を定義しています。myfuncでは、idがtextである要素（ここでは<div id="text"></div>）の中身をJSON形式のデータから取得する文字列に置き換えています。また、JSON.stringify(json)ではJSON形式のオブジェクトから、人が理解できる文字列の形式に変換し、表示しています。

```
    <script type="text/javascript">
        var myfunc = function(json) {
            var div = document.getElementById("text");
            div.textContent = JSON.stringify(json);
        }
    </script>
```

また、2つめのほうで、標高APIを呼び出して、さらにJSON形式の結果をパラメータとしてmyfunc関数を呼び出しています。

```
    <script src="http://cyberjapandata2.gsi.go.jp/general/dem/
scripts/getelevation.php?lon=140.08531&lat=36.103543&callback=myfu
nc"></script>
  </body>
```

ここで<script src="（略）"></script>は、他のスクリプト呼び出す処理で、srcの部分に他のスクリプトの場所を指定します。通常はJavaScriptが記述されているテキストファイルのファイルパスやURLを指定しますが、WebAPIも、この方法で指定します。

この結果はJSONP形式となるので、定義したmyfuncへ、以下のようにパラメータを指定することと同じことです。

```
myfunc({"elevation":25.3,"hsrc":"5m¥uff08¥u30ec¥u30fc¥u30b6¥uff09"})
```

さて、このHTMLファイルをJavaScriptを有効にしたブラウザで表示すると、次の実行結果が得られます。ここではGoogle Chromeを使用しています。これは、基本的には前節のWebブラウザで実行した場合と同じ結果ですが、ブラウザだけのことはあり、自動でUTF-16BE規格でデコードされた文字列が表示されています。

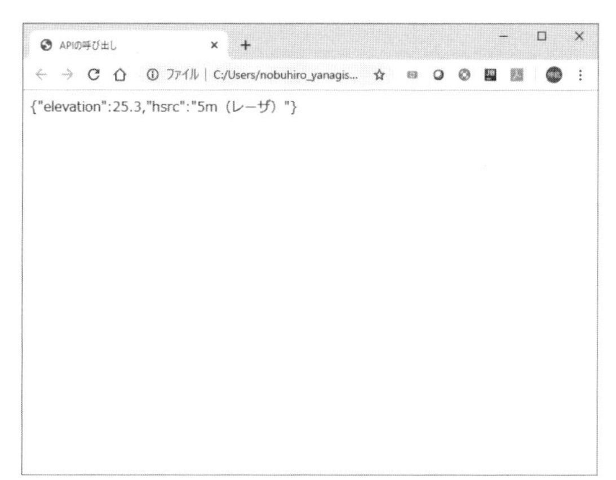

● HTTPとJavaScriptを使った標高APIの呼び出し※16 ●

※16　ファイルを開いたのでURLにはfile://、またはファイルと表示されます。

2章

いますぐ使えるAPI
：利用可能なクラウドサービス

1章では、各言語でAPIを利用する際の基本的なコーディングについて解説しました。いずれかの言語に慣れている方であれば、とくに難しいところはなかったと思います。

それでは、2019年10月現在、利用可能なAPIを確認してみましょう（本書の第3部ではその一部を利用します）。

2-1 APIの種類

いまやGoogleやMicrosoft、Amazon、IBMなどのIT巨人たちはディープラーニングで得られた成果をまるで競争するかのように、APIとして公開しています（次ページの下の表参照）。

すなわち、代表的なAPIにはこれらの巨人による次のようなものがあります。なお、これらのサービスには、いままでも統合や分割などで呼称が何度か変わっているものもあり、今後も変更される可能性が高いと思われます。最新の情報は検索エンジンなどを使って入手してください。

いずれのサービスも、高度な計算式を理解してモデルを設計する必要も、膨大な学習データや膨大なコンピュータ資源を用意する必要もなく、すでに学習済みの用意された学習モデルをAPIとして簡単に利用できるようになっています。しかも、ありがたいことに、多くは無料（条件によって一定期間）で試すことができます※17。

※17　ただし、これらの利用にあたっては、ユーザーの個人情報やクレジット情報などの登録を求められます。使用にあたっては、個々の使用上の注意などをよく確認して、自らの責任において使用してください。本書の記述内容などを利用する行為やその結果に関しては、著作者および出版社では一切の責任をもちません。

●メジャーなサービス●

<table>
<tr><th></th><th>Google</th><th>Microsoft</th><th>Amazon</th><th>IBM</th></tr>
<tr><td>動画解析</td><td>Google Cloud Video Intelligence API</td><td>Video API</td><td rowspan="3">Amazon Rekognition</td><td rowspan="3">Visual Recognition</td></tr>
<tr><td>画像解析</td><td rowspan="2">Google Cloud Vision API</td><td>Computer Vision API</td></tr>
<tr><td>顔認識</td><td>Face API</td></tr>
<tr><td>テキスト解析</td><td>Google Natural Language API</td><td>Text Analytics API</td><td>Amazon Comprehend</td><td>Natural Language Understanding</td></tr>
<tr><td>テキストから音声へ変換</td><td>Cloud Text-to-Speech API</td><td rowspan="2">Bing Speech API</td><td>Amazon Polly</td><td>Text to Speech</td></tr>
<tr><td>音声からテキストへ変換</td><td>Google Cloud Speech API</td><td>Amazon Transcribe</td><td>Speech to Text</td></tr>
<tr><td>テキスト翻訳</td><td>Google Cloud Translation API</td><td>Translator Text</td><td>Amazon Translate</td><td>Language Translator</td></tr>
<tr><td>対話型チャットボット</td><td>Dialogflow</td><td>Azure Bot</td><td>Amazon Lex</td><td>Watson Assistant</td></tr>
</table>

一方、これらのサービスの内容をみてみると、どこも画像・動画解析、テキスト解析、音声解析が中心となっており、似通っていることに気がつきます。今後は競争がさらに加速し、各社とも充実、差別化を図っていくと思われますが、思うようなAPIが見つからない場合は、自分でつくるしかありません。

学習モデルを自分で作成するための開発環境としてCaffe、Chainer、TensorFlow、Torch、Deeplearning4jなどがあり、このような開発環境や実行環境もWeb上のサービスやツールとして提供されつつあります。APIという形ですでにあるモデルを利用するような手軽さはありませんが、これらのサービスを用いることで、独自の学習モデルを構築する手間も大幅に軽減できることでしょう。

●学習モデルの作成をサポートする開発環境・実行環境●

Google	Google Cloud Machine Learning Engine
Microsoft	Azure Machine Learning Studio
Amazon	Amazon SageMaker
IBM	Watson Studio

なお、本書では、既存のAPIを利用してディープラーニングを導入することを目指していますので、独自に学習モデルの開発を目指す場合は関連の他書やWebサイトを参考にしてください。

2-2　画像・動画解析のAPIでできること

以下では、画像・動画解析、テキスト解析、音声解析のそれぞれについて、応用事例を解説していきます。

まず、画像・動画解析についてです。APIを使った画像・動画解析では、次のような応用が考えられます。

- 顔を検出する
- 顔の表情を検出する
- 人物の性別や年齢などを推定する
- 人物を特定する
- 物体を検出する
- 不適切な画像かどうか判定する
- 画像内のテキストを検出する

これらの画像をAPIに読み込ませ、処理を実行するには、自らのPC上に保管している画像をAPIのあるWebサイトに送信するか、Web上の画像を指定することになります。

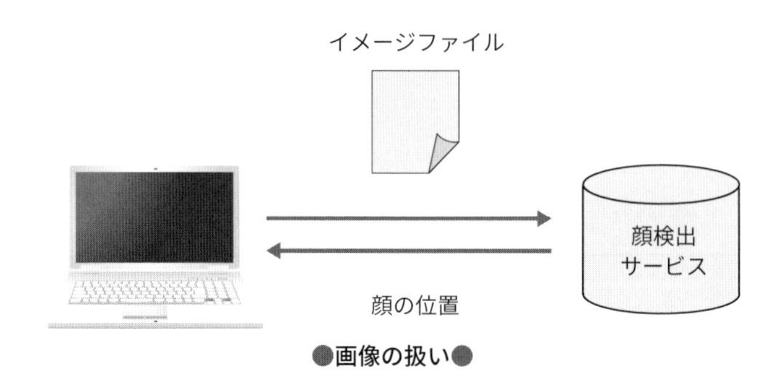

●画像の扱い●

そして、APIでは、顔の検出をしたい場合は文字どおり画像からAPIが顔を認識し、結果として顔である部分を矩形のデータの戻り値として返します。より具体的にいうと、次ページの図のように左のもとの画像をAPIに読み込ませて、顔を検出し、その位置情報をもとに、右の画像のように顔のまわりを枠線で囲むといったことが行われます。

もとの画像

検出された顔の位置情報を
もとに、枠線を表示したもの

●顔の検出●

さらに、たとえばMicrosoft Azure Cognitive ServicesのFace APIであれば、検出した顔をさらに解析して、表情を以下の8つの感情で推定します。

- contempt（軽蔑）
- surprise（驚き）
- happiness（喜び）
- neutral（中立）
- sadness（悲しみ）
- disgust（嫌悪感）
- anger（怒り）
- fear（恐怖）

また、Google Cloud PlatformのCloud Vision APIも同様に感情の推定ができ、Joy（喜び）、Sorrow（悲しみ）、Anger（怒り）、Surprise（驚き）の4つの感情について、

- UNKNOWN（不明）
- VERY_UNLIKELY（合致する可能性が非常に低い）
- UNLIKELY（合致する可能性が低い）
- POSSIBLE（合致する可能性がある）
- LIKELY（合致する可能性が高い）
- VERY_LIKELY（非常に合致する可能性が高い）

の6種類のレベルで判定します。

さらに、人物の性別や年齢の推定、人物の特定ができるAPIもあります。実際、スマートフォンの中には、同じ人物の写真を自動で分類する機能をもつものがありますが、それらはAPIの人物を特定する機能を使っています。単純に顔認識を行うだけではなく、類似した顔を同一人物として判定しているのです。

また、物体の検出では、画像内に花や猫やランドマークなど、学習済みの画像が写っているかどうかを判定します。

2-3　テキスト解析のAPIでできること

APIを使ったテキスト解析では、次のような応用が考えられます。

- 人、場所、イベントなどの情報抽出
- 肯定的、否定的などの感情の判定
- 音声読み上げ
- 翻訳

テキスト解析でも、APIの実行方法自体は画像の場合と同様です。すなわち、保管しているPCからテキストを送信、あるいはWeb上の場所を指定して、APIから解析結果を得ます。

たとえば、MicrosoftのText Analytics APIでは、「評判分析」でその文章が否定的か肯定的かを0から1の間で判定してくれます。ここで、0に近いほど否定的で、1に近いほど肯定的であることを表します。また、「重要なフレーズを抽出」で、人、場所などのキーフレーズが抽出されます。

GoogleのGoogle Natural Language APIでも同じような判定ができます。すなわち、こちらも否定的か肯定的かを0から1の間で判定し、キーフレーズも抽出することができます。さらに、音声解析のAPIと組み合わせることで、音声をテキスト化して情報を抽出するような使い方も可能です。

このようなテキスト解析のAPIを使えば、たとえば、メールの内容を解析して自動的に応答メールを送信させたり、担当者に自動で転送したりするシステムをつくることも可能でしょう。

2-4　音声解析のAPIでできること

音声解析のAPIは、音声を認識します。音声がどんな役に立つのかと思われるかもしれませんが、画像・動画やテキストと比較しても応用範囲は広く、かつ魅力的です。音声解析のAPIでは、たとえば、音声をテキストに変換したり、音声による自動応対を実現したりすることができます。

最近では、Google HomeやAmazon Echoなどのスマートスピーカーが音声による操作を前提としています。また、iPhoneやAndroidスマートフォン、Apple Watchにおいても音声で検索や操作ができるようになっています。これらは文字入力の必要がなくITが得意でない高齢者や子どもにとっても使いやすいとされています。また、音声認識自体は以前から研究開発されてきた技術ですが、ここ数年で非常に認識率が上がっています。

さて、次の第3部ではこれらのAPIの具体的な利用シーンについて解説しています。

参考文献

[1]　国土地理院 標高値取得API
http://maps.gsi.go.jp/development/elevation_s.html

[2]　Wikipedia 数値標高モデル（DEM：Digital Elevation Model）
https://ja.wikipedia.org/wiki/%E6%95%B0%E5%80%A4%E6%A8%99%E9%AB%98%E3%83%A2%E3%83%87%E3%83%AB

[3]　Apache Software Foundation（Apache HttpComponents）
https://hc.apache.org/

第1部
第2部
第3部

第3部

いますぐできる 2 つの活用シーン

第 3 部では、実際に API が活用されるシーンを想定して、実際に動くシステムを例として紹介します。

シーン１

テスト採点の自動化
：分析情報抽出 API の活用

背　景

教育の現場では、教師は、授業の用意や研修、出張、配布プリントの作成といったさまざまな業務に追われています。

放課後には部活動の監督、さらに、定期的に発生する業務として試験もあります。試験では、問題を作成したり、学生の答案を採点したりしなければなりません。業務時間内でこれらの作業を終わらせることができない場合、自宅にもち帰って採点する教師もいるようです。このため、以前には教師の帰宅中に大勢の学生の答案用紙が紛失してしまう事件も発生しています。

このシーンでは、多忙な教師の負荷を軽減するアプリケーション（テスト採点自動化アプリ）を作成します。本アプリケーションは、スキャナで画像化した答案用紙を解析し、解答欄に記入された計算結果の数字等を抽出します。

そして、抽出した解答と正答を比較して採点結果を Excel ファイルに出力します。

答案用紙

No	名前	問１	問２	問３	得点（3 点未満）
1	AAAA	1	4	2	3
2	BBBB	1	4	1	2
3	CCCC	1	3	2	2
4	DDDD	1	5	1	1

●テスト採点の流れ●

アプリの動き

アプリの動きは以下のとおりです。

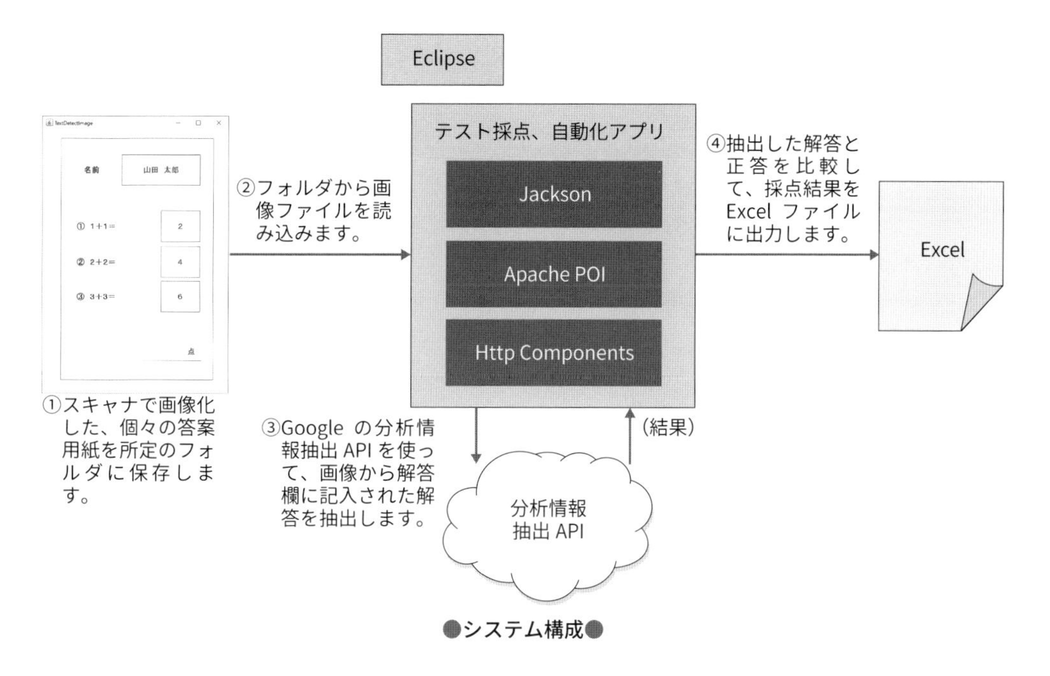

●システム構成●

- テスト採点自動化アプリ：アプリケーションの本体です。
- 答案用紙の画像：答案用紙を画像（jpeg 形式等）に変換してファイルに保存します。
- **分析情報抽出 API**：インターネット上の分析情報抽出 API を使って、機械学習により画像から分析情報（文字の内容や位置）を抽出します。ここでは、Google Cloud Vision API を使用しています。
- Jackson：Java で JSON データを扱うライブラリです。
- Http Components：Java で簡単に HTTP 通信を行うライブラリです。
- Apache POI：Java で Excel の読み書きを行うライブラリです。

執筆環境　（ ）内はバージョンです。

- OS（Windows 10 Pro 64-bit）
- Eclipse
- Excel 2016（32-bit）
- Apache HttpComponents（4.5.8）
- Apache XMLBeans（3.1.0）
- Apache POI（4.1.0）

- jackson-core（2.9.8）
- jackson-databind（2.9.8）
- jackson-annotations（2.9.0）

ダウンロード URL

viii ページ参照。

環境構築

Google アカウントの作成

本シーンで開発するサンプルアプリケーションは、Google のサービスを利用しているため Google アカウントが必要です。ここでは Google アカウントの作成手順を説明します※1。すでに Google アカウントをお持ちの方は読み飛ばしてください。

① Google アカウント作成ページにアクセスします。

https://accounts.google.com/

②「アカウントを作成」をクリックします。

● Google アカウント作成画面●

③ 名前と、取得したいメールアドレス、パスワードを入力します。
④ 再設定用のメールアドレス、生年月日、性別等を入力します。
⑤ プライバシーと利用規約に同意します。

※１　一般に、開発向け／個人向け／業務利用向けなどの利用形態により、それぞれのライセンスの内容は異なります。したがって、利用にあたっては、各アカウントの規定に正しく準拠することが求められます。また、本書で解説している手順・画面等は予告なしに変更される場合があります。

以上で Google アカウントが作成されます。

Google Cloud Platform の利用手順

Google Cloud Platform の API を利用するためには、使用する API を有効化し、「API キー」を取得します。また、API のサービスエンドポイント（URL）も確認します。

Google アカウントをまだもっていない場合は前ページにしたがって作成してください。

① Google Cloud のホームページ（https://cloud.google.com/）にアクセスします。
②「無料で始める」をクリックします。

● Google Cloud の画面（執筆時点のもの）●

すでに Google Cloud の利用手続きが済んでいる場合、次の画面が表示されます。右上の「コンソール」をクリックして⑥に進んでください。

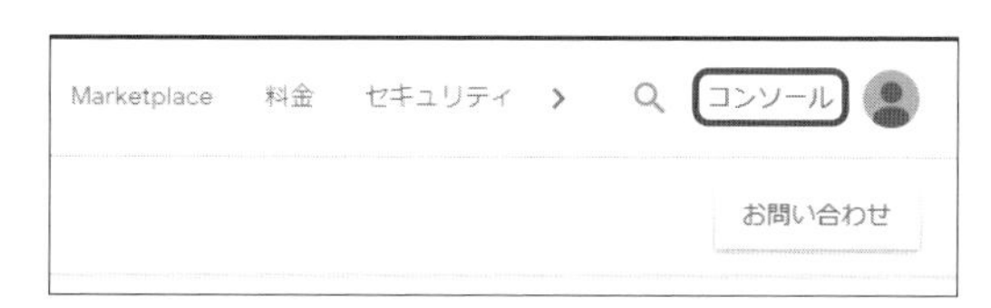

● Google Cloud の画面（情報入力済みの場合）●

そうでない方は、次の③～⑤を行ってください。

③ Google アカウントにログインします。

● Google アカウントのログイン画面●

④ 利用規約に「同意して続行」します。

Google Cloud Platform の無料トライアル

ステップ 1/2

国

日本

利用規約

Google Cloud Platform 無料トライアルの利用規約を読んだうえで内容に同意します。

続行するには [はい] を選択する必要があります

更新とクーポン

新機能のお知らせ、パフォーマンスに関するアドバイス、フィードバック調査、特典に関する最新情報をメールで受け取ります。

はい

いいえ

同意して続行

●利用規約確認画面●

⑤ 各種情報を入力し「無料トライアルを開始」します。

●個人情報入力画面●

⑥ ナビゲーションメニューの「API とサービス」→「ライブラリ」をクリックします。

● API とサービスメニュー●

⑦ Cloud Vision API を探します。
　検索ボックスに「Cloud Vision」と入力し、「Cloud Vision API」を選択します。

●検索結果●

⑧「有効にする」を選択して、API を利用できるようにします。

● API の有効化●

⑨ Cloud Vision API 画面で「認証情報」をクリックします。

● Cloud Vision API メニュー●

⑩「API とサービスの認証情報」→「API キー」を選択します。

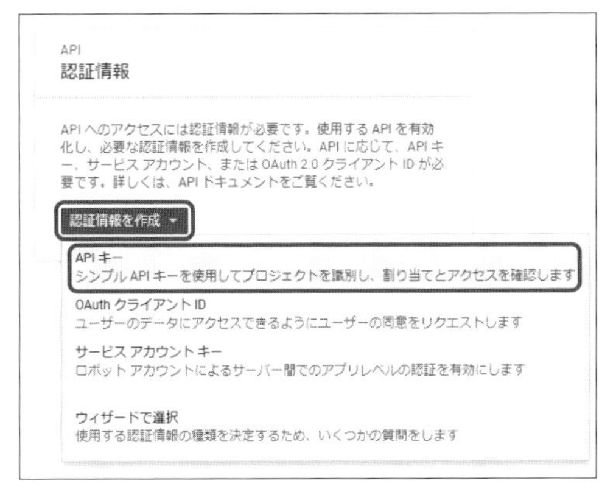

●作成するキーの選択●

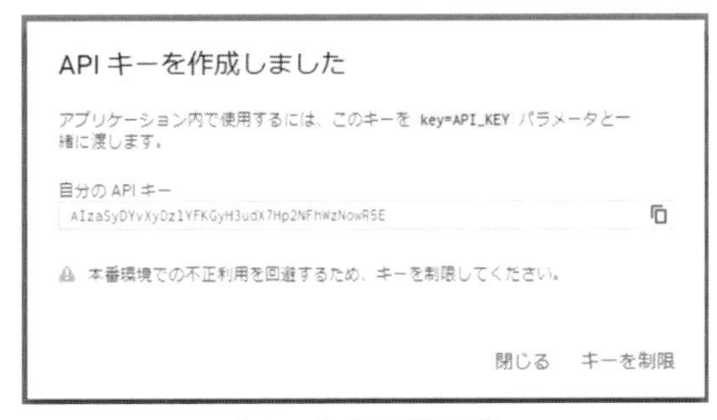

●キー作成完了画面●

API キーは、念のため、メモしておいてください。

⑪ API ドキュメント（https://cloud.google.com/vision/docs/?hl=ja）を開き、「入門ガイド」を選択します。

各 API に用意されているクイックスタートから、サービスのエンドポイント（URL）を確認できます。

● Cloud Vision API のドキュメントトップページ●

⑫「リクエストを作成する」を選択します。

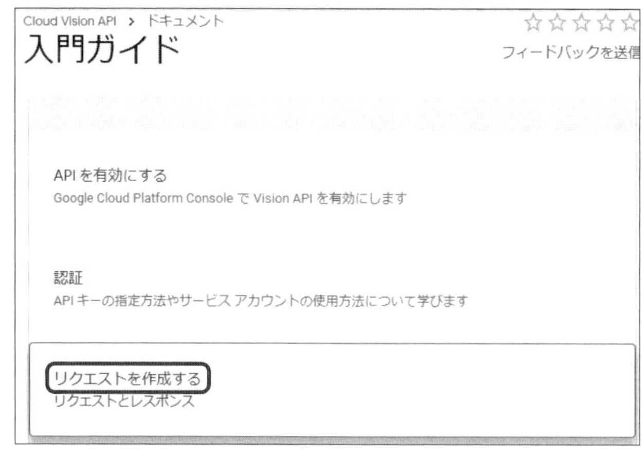

●入門ガイドドキュメントページ●

⑬ エンドポイントの項でURLを確認します。

「https://vision.googleapis.com/v1/images:annotate」がURLです。これは117ページで使用します。

●エンドポイント（URL）の確認画面●

Java インストール手順

Java アプリケーションを開発する Java 開発環境の構築手順を紹介します。すでに Java 開発環境を構築済みでしたら、読み飛ばしてください。

① Amazon Corretto のダウンロードページにアクセスします。

https://aws.amazon.com/jp/corretto/　（2019年11月現在）

②「Amazon Corretto 8 をダウンロードする」を選択します。

●Amazon Corretto 8 をダウンロード●

③自分の PC 環境に合ったダウンロード用のリンクを選択します。

たとえば、開発に使用する PC が Windows 10（64-bit）ならば、「Windows x64」の Download リンク（amazon-corretto-8.212.04.2-windows-x64.msi ※2）を選択します。

Amazon Corretto 8

Platform	Type	Download Link	Checksum (MD5)	Sig File
Linux x64	JDK	java-1.8.0-amazon-corretto-jdk_8.212.04-2_amd64.deb	a04bc41d62ce8ed25bdb10d2a4fada88	
		java-1.8.0-amazon-corretto-devel-1.8.0_212.b04-2.x86_64.rpm	461739abc1fc08b89b5540d4fa05993b	
		amazon-corretto-8.212.04.2-linux-x64.tar.gz	782d5452cd7395340d791dbdd0f418a8	Download
Windows x64	JDK	amazon-corretto-8.212.04.2-windows-x64.msi	e407008f9d0dba66727eebbd05c8f8c9	
		amazon-corretto-8.212.04.2-windows-x64-jdk.zip	b84eece357bbab8597baa3a415664fc3	Download
	JRE	amazon-corretto-8.212.04.2-windows-x64-jre.zip	deb7ec26424544cae79295ed1d31fe3d	Download
Windows x86	JDK	amazon-corretto-8.212.04.2-windows-x86.msi	d815daace082388fd5d07579dde7039b	
		amazon-corretto-8.212.04.2-windows-x86-jdk.zip	0e69cdded96c99c65485ba75b569a4d6	Download
	JRE	amazon-corretto-8.212.04.2-windows-x86-jre.zip	e2e774344fc1ce059145cd6549a2bd08	Download
macOS x64	JDK	amazon-corretto-8.212.04.2-macosx-x64.pkg	5df84d4c79503705da8d7f468e3b63f4	
		amazon-corretto-8.212.04.2-macosx-x64.tar.gz	df2d5187cbcbfbbfb3f95883ae064c9d	Download
Amazon Linux 2 x64	JDK	java-1.8.0-amazon-corretto-devel-1.8.0_212.b04-2.amzn2.x86_64.rpm	74f156b10073bf19f754c3250294d0f2	
	JRE	java-1.8.0-amazon-corretto-1.8.0_212.b04-2.amzn2.x86_64.rpm	9dd471332016360a6ea8adccdba8bb44	
Amazon Linux 2 aarch64 (experimental)	JDK	java-1.8.0-amazon-corretto-devel-1.8.0_212.b04-2.amzn2.aarch64.rpm	240c93cc258d1b9c0f9091849d1336f9	
	JRE	java-1.8.0-amazon-corretto-1.8.0_212.b04-2.amzn2.aarch64.rpm	5b796b326737d87e749449addf941677	

●ダウンロード画面●

※2　Java のバージョンは執筆時点のものです。
また、お手持ちの PC における Windows 10 のシステムの種類は、「スタート」→「Windows システムツール」→「コントロールパネル」→「システム」で確認できます。

④ ダウンロードしたファイルを実行します。

●インストーラ起動画面●

⑤ オプションは何も変更せずに次へ進みます。

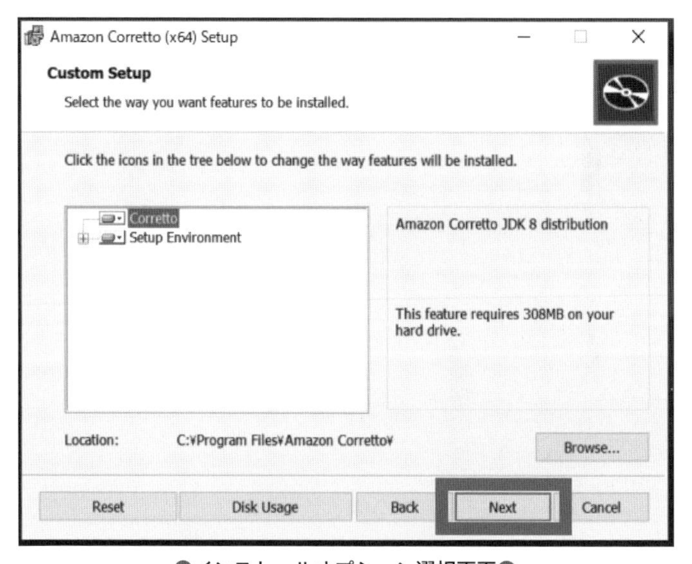

●インストールオプション選択画面●

⑥ Amazon Corretto をインストールします。
インストールが完了するまでしばらく待ちます。

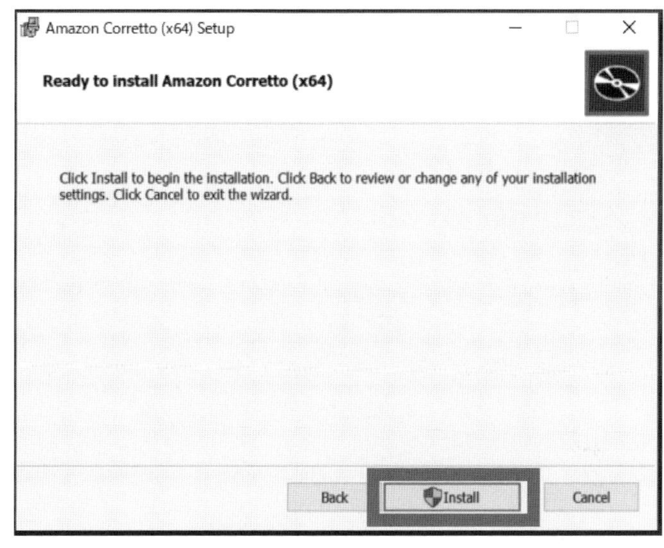

●インストール画面●

⑦ インストーラを閉じます。

●インストール完了画面●

⑧ インストールが正常に行われたか確認します。
Windows のタスクバーにある「ここに入力して検索」に「cmd」と入力し現れたコマンドプロンプトのアイコンからコマンドプロンプトを起動し、Java のコマンドが実行でき

るか確認します。コマンドプロンプトはWindowsキーを押しながらRキーを押して「ファイルを指定して実行」ダイアログの中で「cmd」と入力して「OK」を押すことでも起動できます。

●「ファイルを指定して実行」ダイアログ●

表示されたコマンドプロンプトで以下を入力してEnterキーを押して実行します。

```
C:> java -version
```

以下のようなバージョン表記が出力されたら、インストールは成功しています。

■インストール成功例■

```
openjdk version "1.8.0_212"
OpenJDK Runtime Environment Corretto-8.212.04.2 (build 1.8.0_212-b04)
OpenJDK 64-Bit Server VM Corretto-8.212.04.2 (build 25.212-b04, mixed mode)
```

Javaプログラムのコマンドラインでの実行方法

```
Java JAR 作成された JAR プログラム例 パラメータ
```

Eclipseのインストール手順とJavaプログラムの実行

ここでは、Javaプログラミングに使うEclipseをインストールします。Eclipseはプログラミングのほか、デバッグやプログラムの実行に使うソフトウェアです。

① Eclipse のダウンロードサイトにアクセスします。

https://www.eclipse.org/downloads/　　（2019 年 11 月現在）

② Get Eclipse IDE とある下の「Download Packages」をクリックします※3。

● Eclipse のダウンロードサイト●

③「Eclipse IDE for Java Developers」の中からお使いの環境に応じてダウンロードしてください。以下では「Windows 64-bit」を選択しています。

189 MB　294,119 DOWNLOADS

The essential tools for any Java developer, including a Java IDE, a Git client, XML Editor, Mylyn, Maven and Gradle integration

●エディションの選択画面●

④「Download」をクリックし、ダウンロード先を指定します。

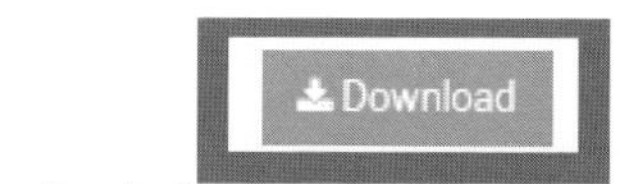

Download from: Japan - Yamagata University (http)

File: eclipse-java-2019-03-R-win32-x86_64.zip SHA-512

>> Select Another Mirror

●ダウンロード確認画面●

⑤ダウンロードした zip ファイルを、任意のフォルダに展開します。

インストールは以上で完了です。

※３　執筆時点のバージョンで説明しています。

Eclipseを起動するには、展開した「eclipse」フォルダにある、「eclipse.exe」をダブルクリックします。

現れるウィンドウでWorkspaceに「TextDetection」と入れ、Launchをクリックします。

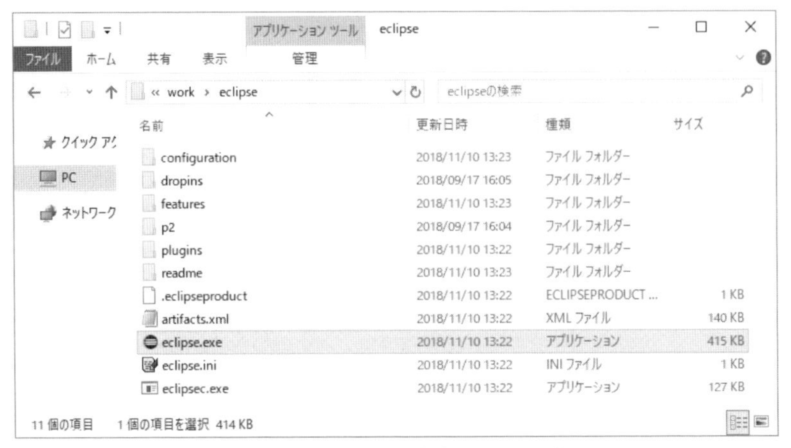

● 「eclipse.exe」をダブルクリック●

Eclipseが起動したら右の「Workbench」ボタンをクリックします。この操作が煩わしい場合は右下の「Always show Welcome at start up」のチェックボックスを外すことで次回からスキップすることができます。

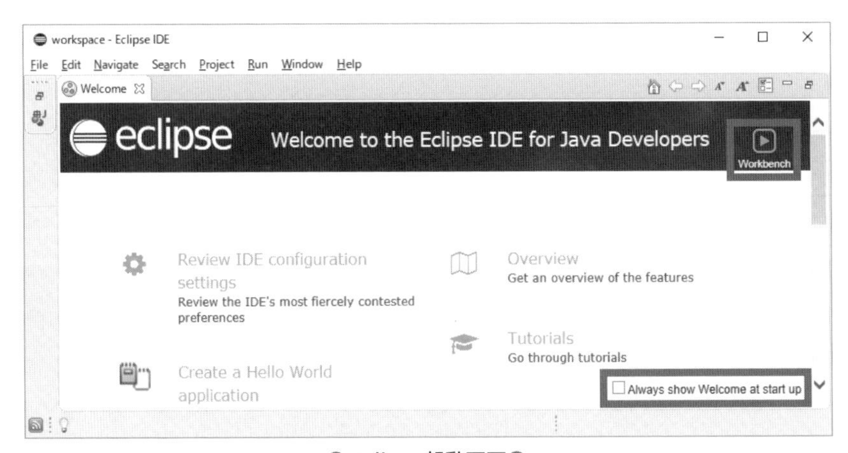

● Eclipse起動画面●

本書のJavaアプリケーション開発は、このJavaパースペクティブ※4で行います。

※4　Eclipseでは、作業スペースのことを「パースペクティブ」とよびます。

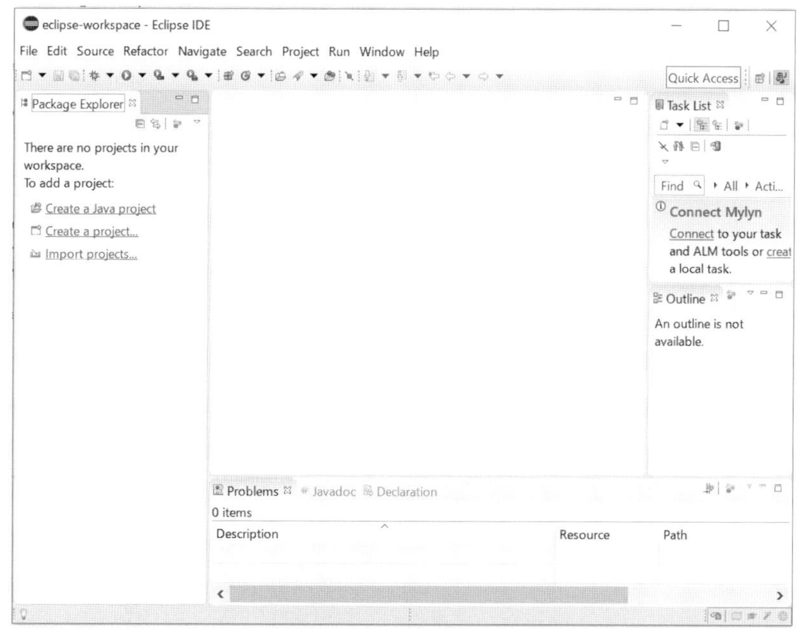

● Java パースペクティブ●

Java プロジェクトのインポート手順

Eclipse に、ダウンロードしたファイルをインポートする手順を説明します。

① Package Explorer にある「Import projects」をクリックします。

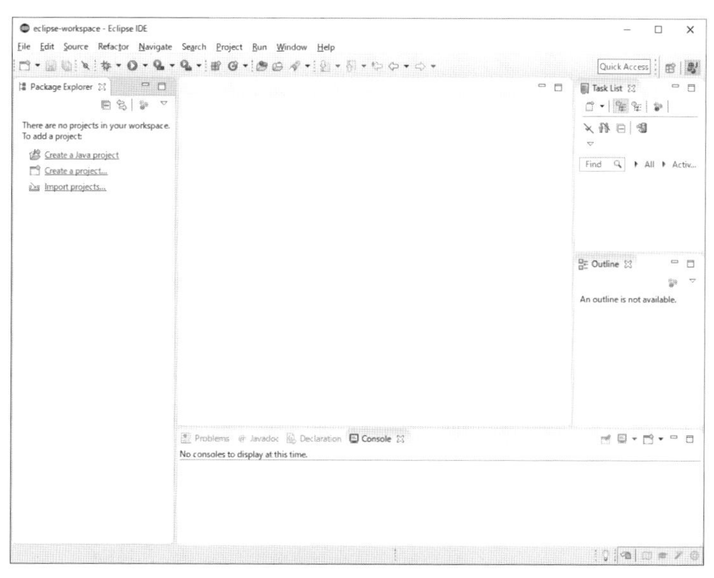

● Import メニュー●

② Import ウィザードの選択画面上で、「General」→「Existing Projects into Workspace」を選択し、「Next」ボタンをクリックします。

● Import ウィザード●

③「Select root directory」の項目でダウンロードした「samples」フォルダの中にある「TextDetection」フォルダを指定します。その後「Finish」ボタンをクリックしてインポートを完了します。

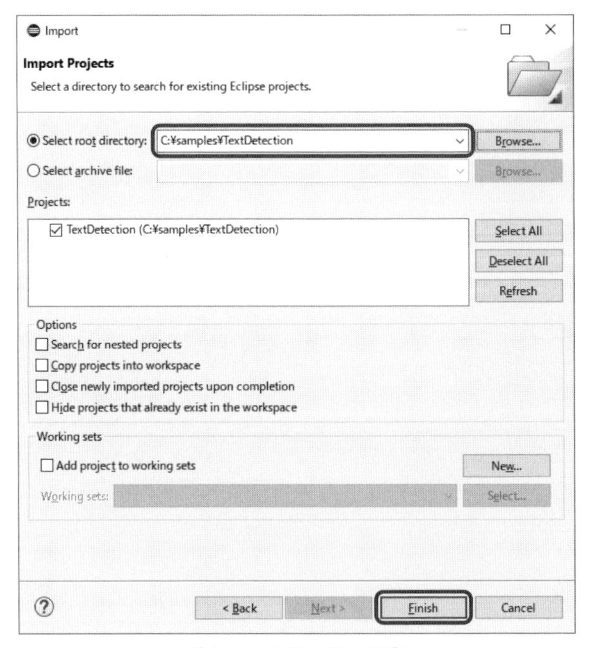

● Import ウィザード●

インポートが完了すると、Package Explorer にプロジェクトが表示されます。

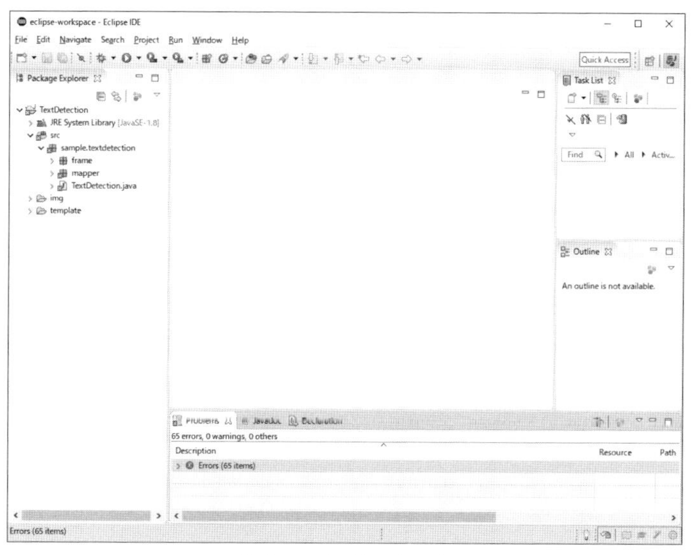

● Java プロジェクト●

ライブラリのインポート手順

Java で簡単に HTTP 通信を行うライブラリである Apache HttpComponents のダウンロードと Java プロジェクトへの設定方法を説明します。

① Apache HttpComponents をダウンロードします。

以下のサイトにアクセスし、「Binary」の「4.5.8.zip ※5」をダウンロードします。

https://hc.apache.org/downloads.cgi　　（2019 年 11 月現在）

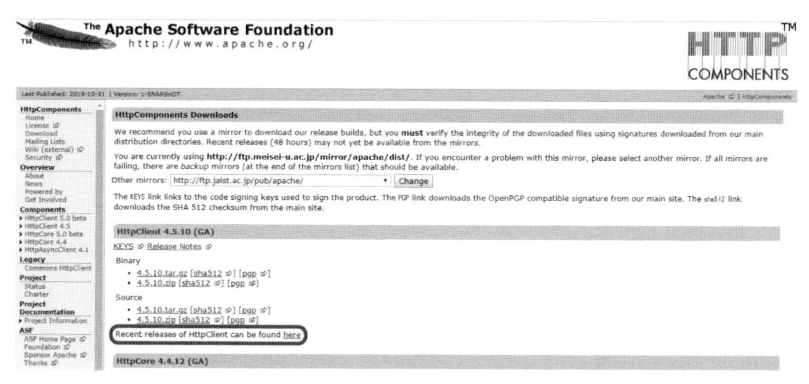

● Apache HttpComponents をダウンロード●

※5　執筆時点のバージョン 4.5.8 で説明します。4.5.8 は「Recent releases of HttpClient can be found here」の「here」をクリックして、「binary/」をクリックすると、見つけることができます。

② 「exlipse.exe」をダブルクリックして、Workspaceに「TextDetection」と入れて、Launchをクリックします。次に右上のWorkbenchをクリックして、左の「Package Explorer」にある「Create a Java project」をクリックします。そして、Project nameに「TextDetection」と入れ「Finish」をクリックします。
続いて、Apache HttpComponentsライブラリをEclipseのJavaプロジェクトに設定します。
ダウンロードしたzipファイルを展開し、その中の「lib」フォルダを「Ctrl + C」キーを押してコピーします。その後、Eclipseを表示し、Package Explorerで、このライブラリを使うJavaプロジェクト「TextDetection」を選択して「Ctrl + V」キーを押して、ペーストします。

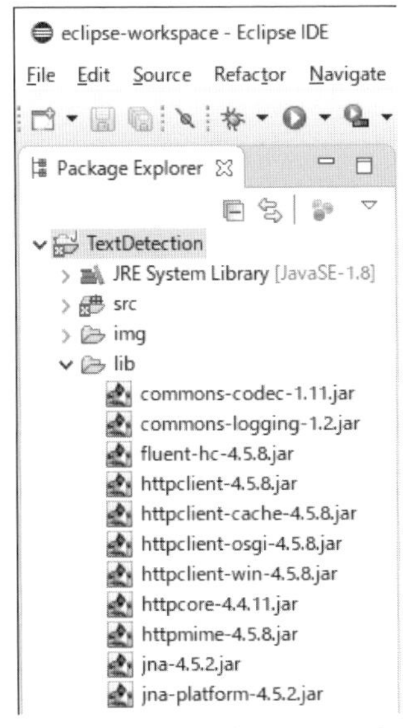

●「lib」フォルダをペースト●

Jacksonライブラリのダウンロードと設定方法

ここではJavaで簡単にJSONデータを扱えるようにするライブラリであるJacksonライブラリのダウンロードとJavaプロジェクトへの設定方法を説明します。

① Jacksonをダウンロードします。
Jacksonの情報はGitHubにまとまっています。
今回はjackson-core、jackson-databind、jackson-annotationsをダウンロードします。
jackson-coreとjackson-databindはそれぞれ以下のGitHubのページから、画面をスクロールして「Get it!」を探し、さらにその下にある「Non-Maven」の項目から「Central Maven repository」のリンクをクリックしてリポジトリを表示します。

ここでは、jackson-core、jackson-databind ともに 2.9.8 をダウンロードします[※6]。画面をスクロールすると、下のほうに「2.9.8/」がありますので、クリックします。そして、「jackson-core-2.9.8.jar」および「jackson - databind-2.9.8.jar」をデスクトップなどにダウンロードします。

https://github.com/FasterXML/jackson-core
https://github.com/FasterXML/jackson-databind

Non-Maven

For non-Maven use cases, you download jars from Central Maven repository.

Databind jar is also a functional OSGi bundle, with proper import/export declarations, so it can be use on OSGi container as is.

●「Central Maven repository」のリンク●

com/fasterxml/jackson/core/jackson-core

```
../
2.0.0/          2012-03-25 18:56   -
2.0.0-RC1/      2012-02-19 07:19   -
2.0.0-RC2/      2012-03-06 06:47   -
2.0.0-RC3/      2012-03-23 00:00   -
2.0.1/          2012-04-22 17:38   -
2.0.2/          2012-05-15 01:50   -
2.0.4/          2012-06-27 05:02   -
2.0.5/          2012-07-27 22:49   -
2.0.6/          2012-09-06 03:11   -
2.1.0/          2012-10-09 02:46   -
2.1.1/          2012-11-11 23:47   -
2.1.2/          2012-12-04 06:02   -
2.1.3/          2013-01-19 21:06   -
2.1.4/          2013-02-26 23:08   -
2.1.5/          2013-05-03 03:01   -
```

● jackson-core をダウンロード（2.9.8 は下のほうにある）●

com/fasterxml/jackson/core/jackson-databind

```
../
2.0.0/          2012-03-25 19:11   -
2.0.0-RC1/      2012-02-19 08:05   -
2.0.0-RC2/      2012-03-06 07:02   -
2.0.0-RC3/      2012-03-23 00:19   -
2.0.1/          2012-04-24 02:18   -
2.0.2/          2012-05-15 02:16   -
2.0.4/          2012-06-27 05:20   -
2.0.5/          2012-07-27 23:00   -
2.0.6/          2012-09-06 03:22   -
2.1.0/          2012-10-10 00:20   -
2.1.1/          2012-11-11 23:54   -
2.1.2/          2012-12-04 06:08   -
2.1.3/          2013-01-19 21:12   -
```

● jackson-databind をダウンロード（2.9.8 は下のほうにある）●

また、jackson-annotations は以下の GitHub からダウンロードできます。ここでは 2.9.0 をダウンロードします[※7]。

※6　執筆時点のバージョン 2.9.8 で説明します。
※7　執筆時点のバージョンで説明します。

「Downloads」を探し、その下にある「2.9.0」をクリックして、デスクトップなどにダウンロードします。

https://github.com/FasterXML/jackson-annotations/wiki

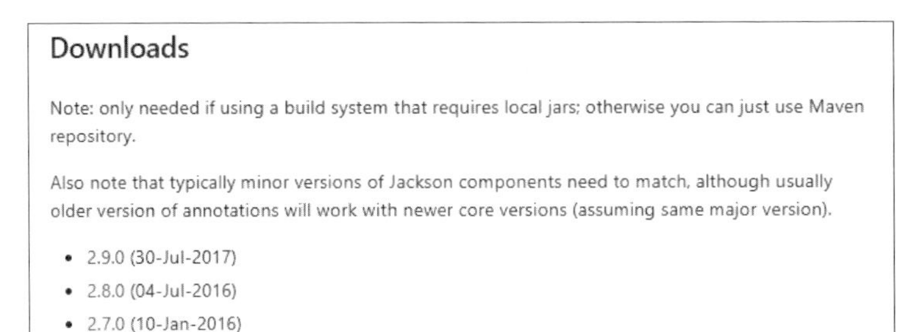

●jackson-annotationsのダウンロード●

② ダウンロードしたjarファイルを「Ctrl + C」キーを押してコピーします。その後、Eclipseを表示し、Package Explorerで、このライブラリを使うJavaプロジェクト「TextDetection」を選択して「Ctrl + V」キーを押してペーストします。

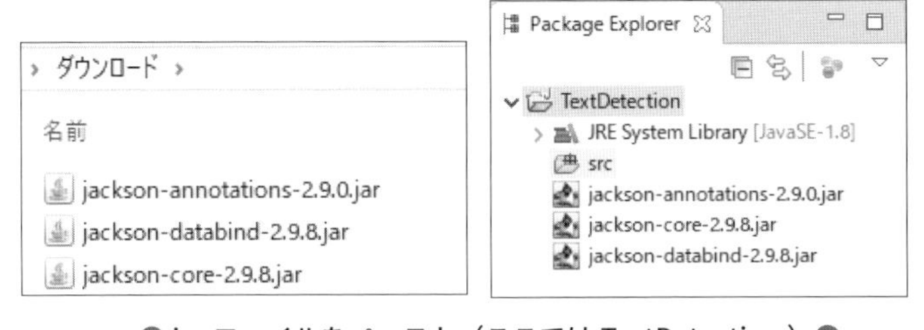

●jarファイルをペースト（ここではTextDetection）●

③ その後、JacksonライブラリをEclipseのJavaプロジェクトに設定しますが、Apache HttpComponentsと操作が同じであるため省略します。Apache HttpComponentsライブラリのダウンロードと設定方法の2項を参照してください。

Apache POIライブラリのダウンロードと設定方法

JavaでExcelを扱うライブラリであるApache POIのダウンロードとJavaプロジェクトへの設定方法を説明します。

① Apache POIをダウンロードします。
以下のサイトにアクセスし、「Binary Distribution」の下にある「poi-bin-4.1.0-20190412.zip」をダウンロードします。

https://poi.apache.org/download.html　　（2019年11月現在）

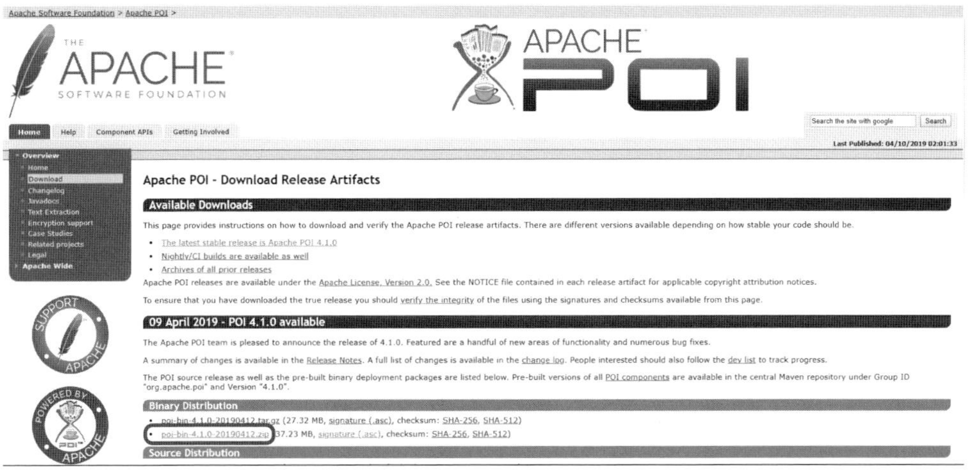

● Apache POI を選択●

どのリンク先からも同じ「poi-bin-4.1.0-20190412.zip」がダウンロードできます。

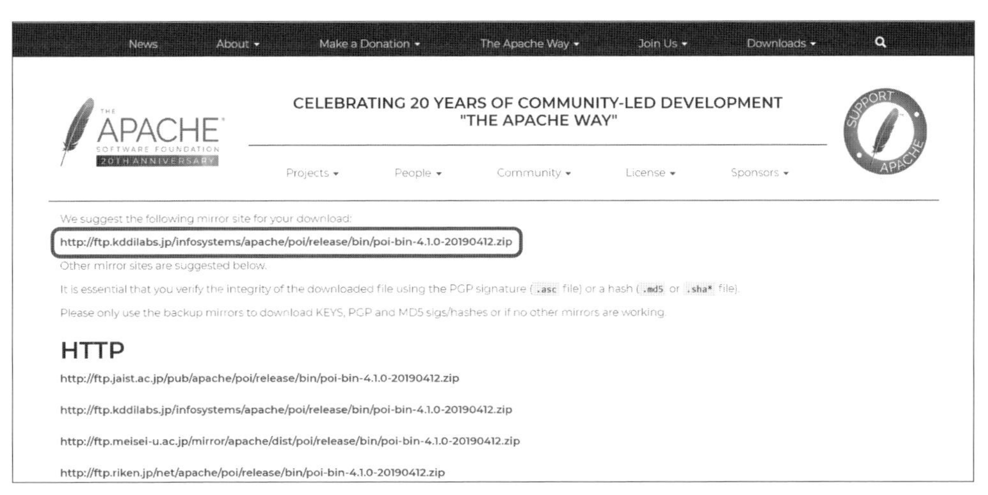

● Apache POI をダウンロード（どのリンク先からも同じものがダウンロードできる）●

② Apache POI ライブラリを Eclipse の Java プロジェクトに設定します。

ダウンロードした zip ファイルを展開し、「展開フォルダ」直下にある識別子が「.jar」とある jar ファイルすべてと「lib」フォルダ内の jar ファイルを「Ctrl+C」キーを押してコピーします。前ページの②と同じ方法で「TextDetection」にコピーして、追加します。

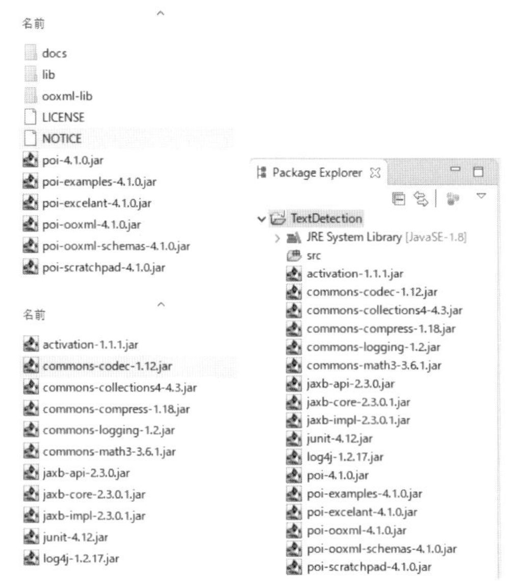

● Jarファイルをペースト（画面左はここで入れるファイル、右はその結果）●

Apache XMLBeansライブラリのダウンロードと設定方法

JavaとXMLをバインドするライブラリであるApache XMLBeansのダウンロードとJavaプロジェクトへの設定方法を説明します。

① Apache XMLBeansをダウンロードします。
以下のサイトにアクセスし、「Binary Distribution」を探して、その下にある「xmlbeans-bin-3.1.0.zip」をダウンロードします。

https://xmlbeans.apache.org/download/index.html　　（2019年11月現在）

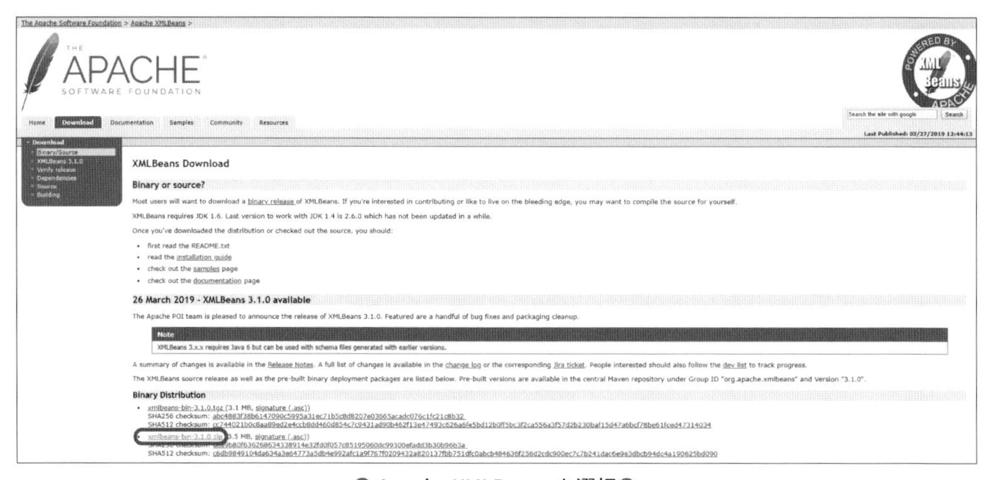

● Apache XMLBeansを選択●

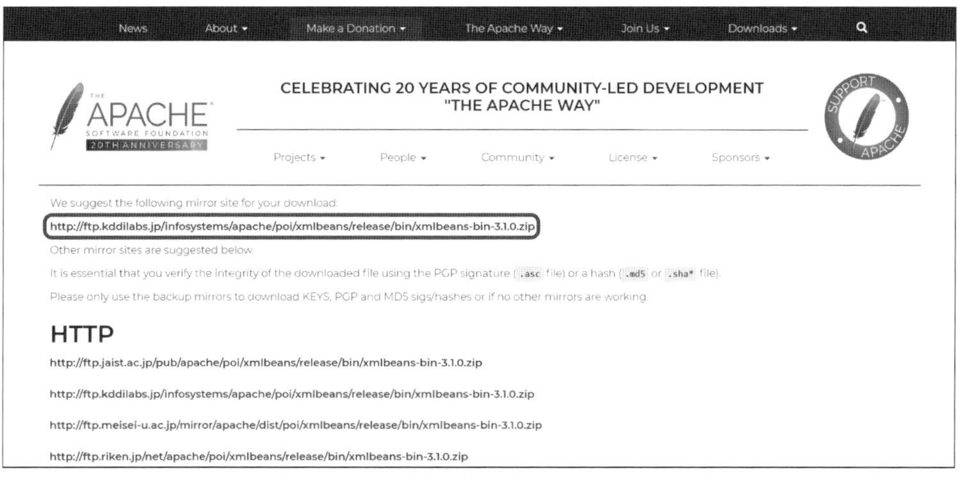

● Apache XMLBeans をダウンロード（どのリンク先からも同じものがダウンロードできる）●

② Apache XMLBeans ライブラリを Eclipse の Java プロジェクトに設定します。
ダウンロードした zip ファイルを展開し、「lib」フォルダ内の識別子が「.jar」とある jar ファイルすべてを「Ctrl+C」キーを押してコピーします。110 ページの②と同じ方法で「TextDetection」にコピーして、追加します。

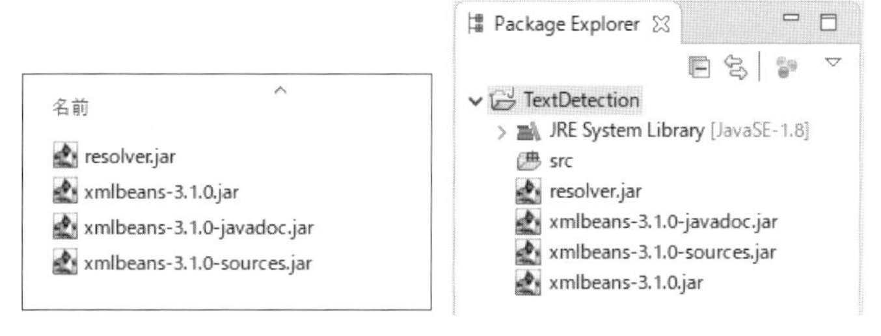

● Jar ファイルをペースト●

③ ここまでに「TextDetection」に入れた jar ファイル一式を Eclipse の Java プロジェクトに設定します。Java プロジェクト「TextDetection」を選択したまま、「Alt + Enter」キーを押してプロジェクトの設定ダイアログを表示します。表示された左側のツリーから「Java Build Path」を選択し、右側の「Libraries」タブを選択します。その後、「Add JARs...」ボタンをクリックします。

● Java Build Path ●

④ 表示された「JAR Selection」ダイアログで、「TextDetection」をクリックすると出てくる「.jar ファイル」をすべて選択して「OK」をクリックします。

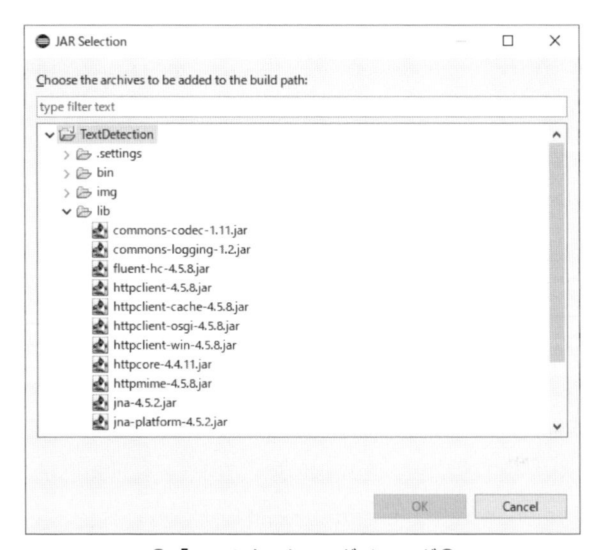

●「JAR Selection」ダイアログ●

⑤ その後、「Apply and Close」ボタンをクリックしてダイアログを閉じます。これで Apache HttpComponents ライブラリが使用できるようになります。

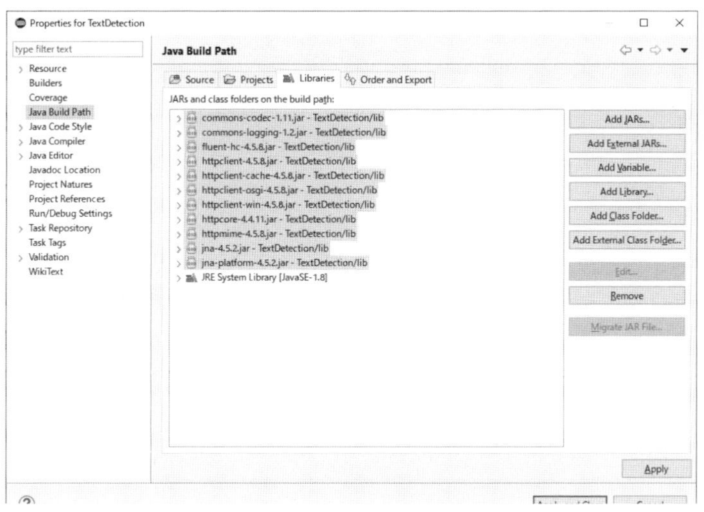

● Java Build Path ●

アプリケーション開発

Step1　プログラム（答案用紙画像取り込み）

以降は、環境構築でインポートしたサンプルプログラムから要点を抽出し、説明を行います。

なお、本シーンに載せている内容は執筆環境（91、92 ページ）に記載しているバージョンでの実行を前提としています。

また、viii ページを参照して、本書のソースコード等一式をダウンロードして、PC の「Windows（C:)」の直下に置いてください。本シーンで使用する答案用紙画像ファイルは、この中の「TextDetection」中の「img」に置いてあります。

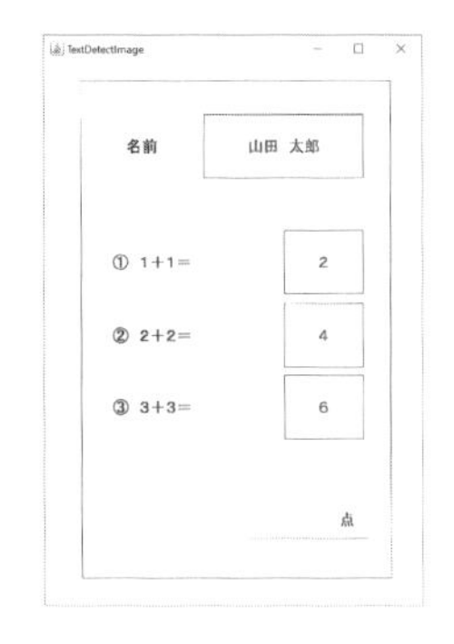

●答案用紙サンプルと画像のフォルダ配置●

Java では、パスを File オブジェクトに変換します。そして、変換した File オブジェクト（フォルダ）内のファイルを File オブジェクトに格納します。

■クラス TextDetection.java 内の答案用紙画像の取り込みにかかわる部分のソースコード■

```
public List<File> load(String path) {
    List<File> files = new ArrayList<>();
  /* フォルダパスをFileオブジェクトに変換する */
  File folder = new File(path);
  if (folder.exists()) {
    /* フォルダからファイルを取得する */
    for (File file : folder.listFiles()) {
      files.add(file);
    }
  }
  return files;
}
```

Step2　プログラム（分析情報抽出 API の呼び出し）

分析情報抽出 API（Google Cloud Vision API）を使用し、答案用紙画像内の文字や数字を検出し、分析情報を抽出します。本 API を使用するためには、Google Cloud Platform へのユーザ登録が必要です。92 ～ 98 ページを参考に Google Cloud Vision API を有効にし、API キーを作成してください。

今回使用する Google Cloud Vision API のサービスのエンドポイント（URL）は以下になります。

URL：https://vision.googleapis.com/v1/images:annotate

まず、Google Cloud Vision API に画像解析させるための設定を行います。

サービスのエンドポイントを格納する変数（uri）と、API キーを格納する変数（key）を定義します。

ここでは、クラス TextDetection.java のフィールド変数として定義します。

先ほどダウンロードした「samples」→「TextDetection」→「src」→「sample」→「textdetection」の中にある「TextDetection.java」をテキストエディタで開きます。以下はその一部です。ここで、uri の値（「uri　=」の後方）は、上に記したサービスのエンドポイントです。また、key の値には、皆さんが作成した API キーの値を設定してください。終わったら、テキストエディタでファイルを保存して、終了します。

■クラス TextDetection.java 内の分析情報抽出 API にかかわる部分のソースコード■

```
/* Google Cloud Vision APIのサービスのエンドポイント（URL）*/
public static final String uri =
    "https://vision.googleapis.com/v1/images:annotate";
/* Google Cloud Vision APIキー */
public static final String key = "作成したAPIキー";
```

次に、HTTP クライアントを作成します。同じく「TextDetection.java」をテキストエディタで開いてください。

Google Cloud Vision API の呼び出しには多少の時間がかかる可能性があるのでタイムアウ

トの時間を多めに設定します。ここでは5秒（＝5,000ミリ秒）としています。すなわち、次のようにします。

■クラス TextDetection.java 内の HTTP クライアントの作成にかかわる部分のソースコード■

```
public HttpClient createClient() {
  /* タイムアウト時間の設定（ミリ秒）*/
  int socketTimeout = 5000;
  int connectionTimeout = 5000;
  RequestConfig requestConfig = RequestConfig.custom()
              .setConnectTimeout(connectionTimeout)
              .setSocketTimeout(socketTimeout).build();
  HttpClient httpclient = HttpClientBuilder.create()
              .setDefaultRequestConfig(requestConfig).build();
  return httpclient;
}
```

Google Cloud Vision API では、POST リクエストと JSON 形式のリクエスト本文を送信します。したがって、JSON 形式の POST リクエストであることを明示するために、ヘッダーの "Content-Type" に "application/json" を指定します。このコードは次のようになります。

■クラス TextDetection.java 内のリクエストヘッダーの作成にかかわる部分のソースコード■

```
public HttpPost createRequest() throws URISyntaxException {
  /* Google Cloud Vision API のURLにPOSTリクエストを送る */
  URIBuilder builder = new URIBuilder(uri);
  /* パラメータ名→key, パラメータ値→{APIキー} */
  builder.setParameter("key", key);
  URI uri = builder.build();
  HttpPost request = new HttpPost(uri);
  /* JSON形式であることを明示 */
  request.setHeader("Content-Type", "application/json");
  return request;
}
```

HTTP クライアント、リクエストヘッダーを作成したら、リクエスト本文を作成します。
Google Cloud Vision API の JSON フォーマットは次のとおりです。

■ Google Cloud Vision API の JSON フォーマット■

```
{
  "requests": [
    {
      "image": {
        "content": "ファイルをBase64形式に変換した値を設定"
      },
      "features": [
        {
          "type": "TEXT_DETECTION"
        }
      ]
    }
  ]
}
```

本シーンの主な流れをいうと、上記の JSON フォーマットを活用して、リクエストの DTO クラスを作成し、Jackson ライブラリを使用して、Java オブジェクトを JSON 文字列へ変換します。

以下に、リクエストの DTO クラスの例を 4 つあげます。なお、DTO とは、オブジェクト指向プログラミングで用いられる、オブジェクトの設計パターンの 1 つです。

以下のファイルは、先ほどダウンロードした「samples」→「TextDetection」→「src」→「sample」→「textdetection」→「mapper」の中にあります。

■クラス GCPSendInfo.java 内の DTO クラスの部分（リクエスト本体）■

```
package sample.textdetection.mapper;
/** リクエスト本体 */
public class GCPSendInfo {
  public GCPRequest[] requests;
}
```

■クラス GCPRequest.java 内の DTO クラスの部分（JSON フォーマットの「request」）■

```
package sample.textdetection.mapper;
/** JSONフォーマットの「request」 */
public class GCPRequest {
  public GCPImage image;
  public GCPFeature[] features;
}
```

■クラス GCPImage.java 内の DTO クラスの部分（JSON フォーマットの「image」）■

```
package sample.textdetection.mapper;
/** JSONフォーマットの「image」 */
public class GCPImage {
  /* ファイルをBase64形式に変換した値を設定 */
  public String content;
}
```

■クラス GCPFeature.java 内の DTO クラスの部分（JSON フォーマットの「feature」）■

```
package sample.textdetection.mapper;
/** JSONフォーマットの「feature」 */
public class GCPFeature {
  /* 検出の種別 */
  public String type;
}
```

同じ要領でレスポンスの DTO クラスも作成できます。

なお、自分でレスポンスを作成するときは、以下のサイトを参考にするとよいでしょう（2019 年 11 月現在）。

URL：https://cloud.google.com/vision/docs/ocr?hl=ja

次のソースコードで、作成した DTO クラスに必要な情報を設定し、以下の部分で DTO クラスから JSON 文字列へ変換しています。

■クラス TextDetection.java 内の DTO クラスに必要な情報設定にかかわる部分のソースコード■

```
public void run(String folderPath) throws IOException,
    URISyntaxException {
  (中略)
  /* DTOクラスを作成する */
  GCPSendInfo sendInfo; /* 詳細は省略 */
  /* DTOクラスからJSON文字列へ変換する */
  ObjectMapper mapper = new ObjectMapper()
              .setSerializationInclusion(JsonInclude.Include.NON_NULL);
  String body = mapper.writeValueAsString(sendInfo);
  (中略)
}
```

リクエスト本文に JSON 文字列のデータを設定し、リクエスト本文を送信しています。この処理の戻り値（レスポンス）が、画像解析の結果です。ソースコードは次のようになります。

■クラス TextDetection.java 内の JSON 文字列を設定し、リクエストを呼び出す部分のソースコード■

```
public void run(String folderPath) throws IOException,
    URISyntaxException {
  (中略)
  /* リクエスト本文にJSON文字列を設定する */
  StringEntity reqEntity = new StringEntity(body);
  request.setEntity(reqEntity);
  /* 画像解析依頼(リクエスト)を実行する */
  HttpResponse response = httpclient.execute(request);
  (中略)
}
```

Step3 プログラム（API 実行結果の解析）

画像解析依頼（リクエスト）の戻り値（レスポンス）の解析をします。まず、処理結果からJSON 形式のデータを取得します。

■クラス TextDetection.java 内の API 呼び出し結果を取得する部分のソースコード■

```
public void run(String folderPath) throws IOException,
    URISyntaxException {
  (中略)
  /* 処理結果(レスポンス)からデータを取得する */
  HttpEntity entity = response.getEntity();
  /* JSONの文字列として取得 */
  String jsonString = EntityUtils.toString(entity).trim();
  (中略)
}
```

次に、取得した JSON 文字列のデータを Java オブジェクトへ変換します。

以下に、変換方法と今回使用するコードを示します。

変換方法：

```
DTO クラス =ObjectMapper#readValue(JSON 文字列 , DTO クラス名 .class);
```

■ TextDetection.java 内の JSON 文字列を Java オブジェクトに変換する部分のソースコード■

```
public void run(String folderPath) throws IOException,
    URISyntaxException {
  (中略)
  /* JSONの文字列をJavaオブジェクトにマッピング */
  GCPResultInfo resultInfo = mapper
                          .readValue(jsonString, GCPResultInfo.class);
  (中略)
}
```

続いて、変換後の Java オブジェクトから生徒の氏名と解答を抽出します。処理結果は、抽出したテキストと位置情報（x 座標、y 座標）になります。

x 座標：画像左端から右方向への距離
y 座標：画像上端から下方向への距離

今回は、抽出対象にする位置情報に閾値(いき)を設け、氏名と解答を検出します。閾値は x 座標を 800 以上、y 座標を 1800 以下とします。

その結果を答案用紙の画像にマッピングすると以下のようになります。

■クラス TextDetection.java 内の対応部分■

```
public List<DetectResult> createDetectResults(GCPResultInfo resultInfo){
  List<DetectResult> results = new ArrayList<>();
    for (GCPBlock block : page.blocks) {
      GCPBoundingBox box = block.boundingBox;
      int x = box.vertices[0].x;
      int y = box.vertices[0].y;
      /* 閾値を固定値とする。氏名、解答のみを解析対象となるように設定 */
      if (x < 800 || y > 1800)
        continue;
      /* 以降、氏名と解答を取得する処理 */
   (中略)
   return results;
  }
```

次ページにある図の枠内が認識された文字です。

●認識された文字●

後述するExcelへの書き込みをスムーズにするために、氏名と解答を格納するインナークラスを定義します。今回は、TextDetectionクラスにインナークラスとして、格納用のDetectResultクラスを定義します（別クラスとして定義しても問題ありません）。

■クラス TextDetection.java 内のインナークラスの定義部分■

```
public static class DetectResult {
  /* 氏名 */
  private String name;
  /* 解答の一覧 */
  private List<String> answers;
  /* 以降はGetter/Setterを定義する */
  (中略)
}
```

Step4 プログラム（Excel ファイルに書き込み）

今回は、画像認識で抽出した氏名と解答を書き込むと採点を自動化する Excel のテンプレートも作成します。以下は、Excel のテンプレートです。本シーンで使用する Excel テンプレートは、先ほどダウンロードした「samples」→「TextDetection」→「template」の中にあります（Result.xlsx）。

	A	B	C	D	E	F	G	H
1	名前		問1		問2		問3	得点
2	解答		2		4		6	-
3								
4								

●自動で採点する Excel のテンプレート（Result.xlsx）●

１行目　　　　：カラム（名前、問１～３、得点）
２行目　　　　：正解の解答
３行目（以降）：生徒の氏名、解答、得点

Java プログラムからの書き込み後のイメージは、以下のとおりです

	A	B	C	D	E	F	G	H
1	名前		問1		問2		問3	得点
2	解答	2		4		6		-
3	山田太郎	2	TRUE	4	TRUE	6	TRUE	3

●採点結果入力後のイメージ●

上の図で、たとえば山田太郎さんの場合、正解の解答「セル B2（D2、F2)」の値と山田太郎さんの解答「セル B3（D3、F3)」を比較し、「セル C3（E3、G3)」に結果を表示します。

表示内容は、山田太郎さんの解答が正しい場合 "TRUE"、不正解の場合 "FALSE" とします。

最後に「セル H3」では、Excel 関数で "TRUE" の数をカウントし、表示しています。

セルに書き込む式

正解の解答と生徒の解答の比較　=B2=B(生徒ごとの行番号)
正解数のカウント　=COUNTIF(B3 : G(生徒ごとの行番号), "TRUE")

では、実際に Java で Excel の読み書きを行います。

具体的には、第１引数のパスからバイトストリームを作成し、POI ライブラリを使用し、Workbook オブジェクトを作成します。ソースコードは次のようになります。

■クラス TextDetection.java 内の対応部分のソースコード■

```
public void writeMarkResult(String templatePath,
    List<DetectResult> results) {
  /* 第一引数のテンプレートパスを読み込む */
  FileInputStream in = new FileInputStream(templatePath);
  /* 書き込み用ストリームを定義 */
  FileOutputStream out = null;
  XSSFWorkbook srcWb = null;
  try {
    /* ExcelのWorkbookを作成 */
    srcWb = (XSSFWorkbook) WorkbookFactory.create(in);
   (中略)
}
```

Excel の Workbook オブジェクトからシートを取得します。ここで取得するシートは、氏名と解答を書き込むシートになるので、サンプルに入っている Excel テンプレートの "Sheet1" とします。

なお、シート名を変更している場合、変更後のシート名を指定してください。

■クラス TextDetection.java 内の対応部分のソースコード■

```
public void writeMarkResult(String templatePath,
    List<DetectResult> results) {
  (中略)
  /* WorkbookからSheet1を取得する */
  XSSFSheet sheet = srcWb.getSheet("Sheet1");
  (中略)
}
```

取得したシートに生徒の氏名と解答、および採点を行う関数を書き込みます。このシートへの書き込みは、以下の手順で行います。

① 新しい行を作成

今回のテンプレートでは、3 行目から生徒数分の行を作成します。

TextDetection.java 内の対応部分のソースコードは次のようになります。

```
/* 値が入力されている行の1つ下に新しい行を挿入する */
XSSFRow dstRow = sheet.createRow(sheet.getLastRowNum() + 1);
```

② セルを作成

今回のテンプレートでは、8 列（得点列まで）作成します。

TextDetection.java 内の対応部分のソースコードは次のようになります。

```
/* 値の書き込まれている最終列を取得する */
XSSFRow srcRow = sheet.getRow(0);
int lastCol = srcRow.getLastCellNum();
(中略)
for (int i = 0; i < lastCol; i++) {
  /* セルを作成 */
  XSSFCell cell = dstRow.createCell(i);
  (中略)
}
```

③ 値の書き込み

作成したセルに以下の値を書き込みます。この値は、シート左からの列の位置を表します。

- i の値が "0" の場合、生徒の氏名
- i の値が "1" "3"" 5" の場合、生徒の解答
- i の値が "2" "4" "6" の場合、正解の解答と生徒の解答を比較する関数
- i の値が "7" の場合、正解の解答数をカウントする関数

第3部

以下は、上記手順のソースコードです。

■クラス TextDetection.java 内の対応部分のソースコード■

```
public void writeMarkResult(String templatePath, List<DetectResult>
    results) {
 (中略)
 /* 値の書き込まれている最終行を取得する。データはその次の行以降に挿入する */
 int lastRow = sheet.getLastRowNum();
 /* 値の書き込まれている最終列を取得する */
 XSSFRow srcRow = sheet.getRow(0);
 int lastCol = srcRow.getLastCellNum();
 /* 人数分の解答を書き込む */
 for (int num = 0; num < results.size(); num++) {
   DetectResult result = results.get(num);
   /* 値が入力されている行の1つ下に新しい行を挿入する */
   XSSFRow dstRow = sheet.createRow(++lastRow);
   /* 氏名と解答及び式をセルに書き込む */
   for (int i = 0; i < lastCol; i++) {
     /* セルを作成 */
     XSSFCell cell = dstRow.createCell(i);
     /* 上記手順③を行う */
     (中略)
   }
 }
}
```

Step5 実行用の JAR ファイルをつくって実行

実際にプログラムを動かして生徒の答案用紙画像をフォルダに置き、Excel の採点までを実行してみましょう。なお、Step4 で述べた API キーの設定は必ず行ってください（これは必要です）。

それでは、JAR ファイルをつくります。Eclipse 上の Package Explorer から「TextDetection」を選択します。

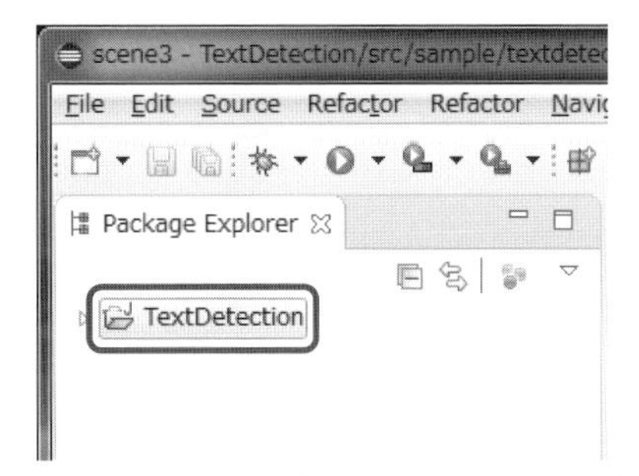

● Java プロジェクト「TextDetection」を選択●

下の図のように、メニューバーからアイコンを選択し、「Run Configurations...」を選択します。

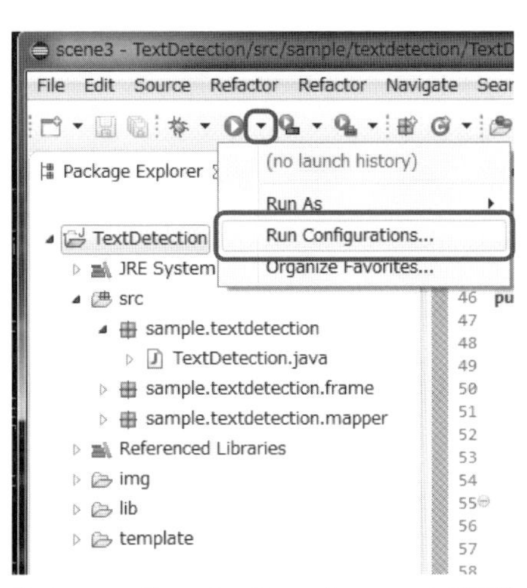

●メニュー「Run Configurations...」を選択●

Run Configurations ダイアログの左側のリストから「Java Application」を選択し右クリックメニューから「New Configuration」を選択します。

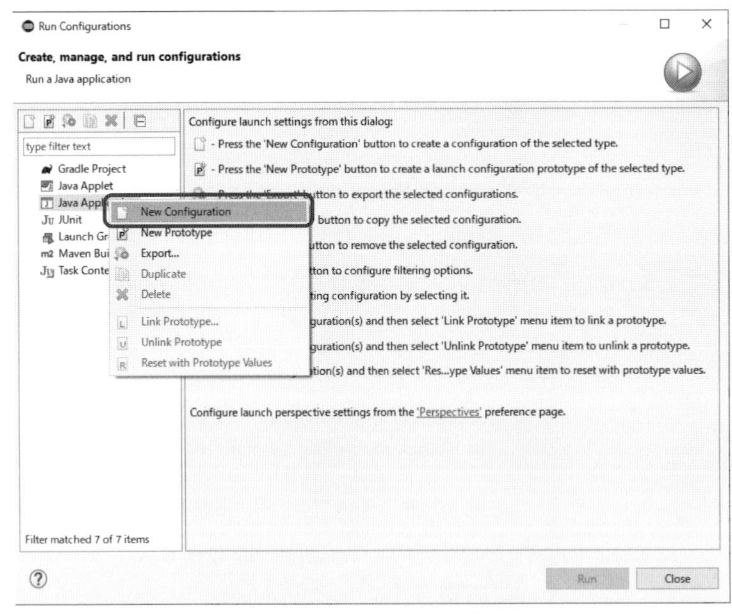

●新規 Java Application の作成●

ダイアログ右側に Java Application の設定画面が表示されます。「Name」は、「New_configuration」、「Project」は、当該ダイアログを開く前に選択した Java プロジェクト「TextDetection」が設定されています。まず、「Name」を「TextDetection」に変更します。

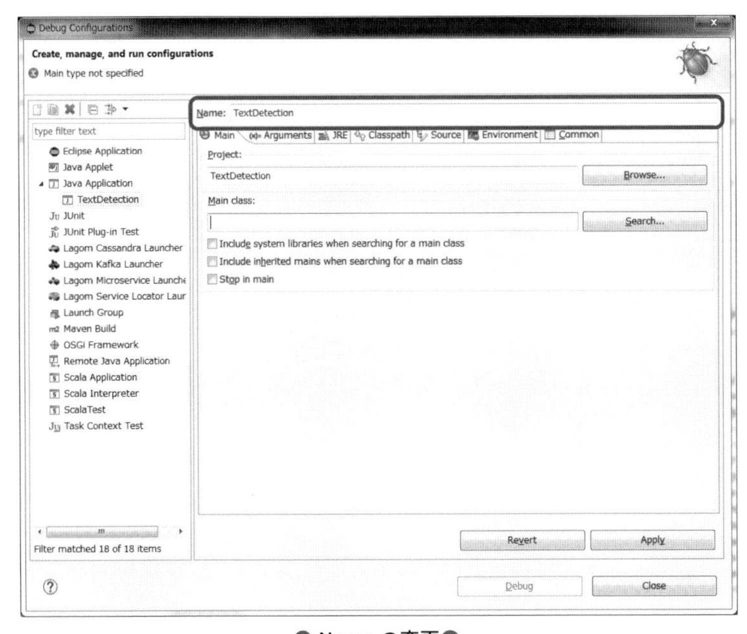

● Name の変更●

次に、「Main class」を指定します。「Main class」の「Search」をクリックします。

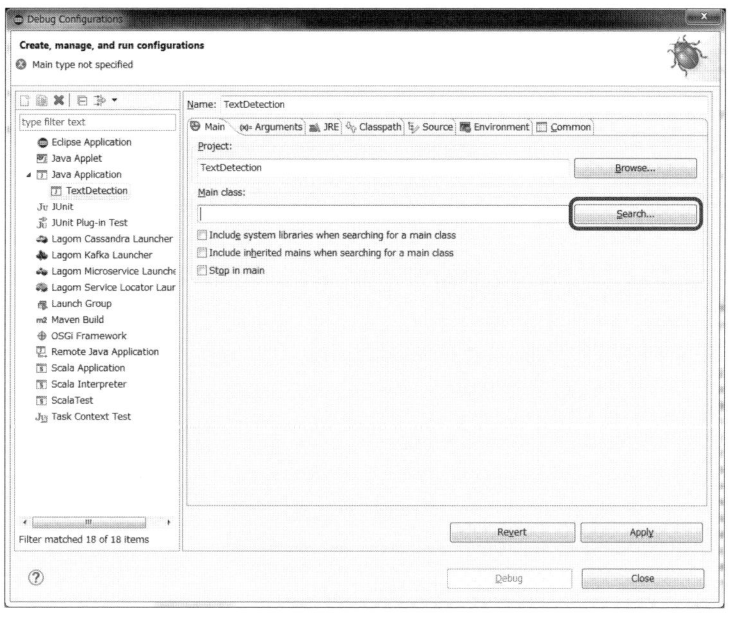

● Main class の設定●

Select Main Type ダイアログの「Select type」に「TextDetection」と入力します。Matching items に表示された「TextDetection」を選択し、「OK」をクリックします。

● Main class「TextDetection」の検索と設定●

Java Application に次の設定ができていることを確認し、「Apply」ボタンをクリックします。Run Configurations ダイアログを閉じるため、「Close」をクリックします。

【設定内容】

Name：TextDetection

Project：TextDetection

Main class：sample.textdetection.TextDetection

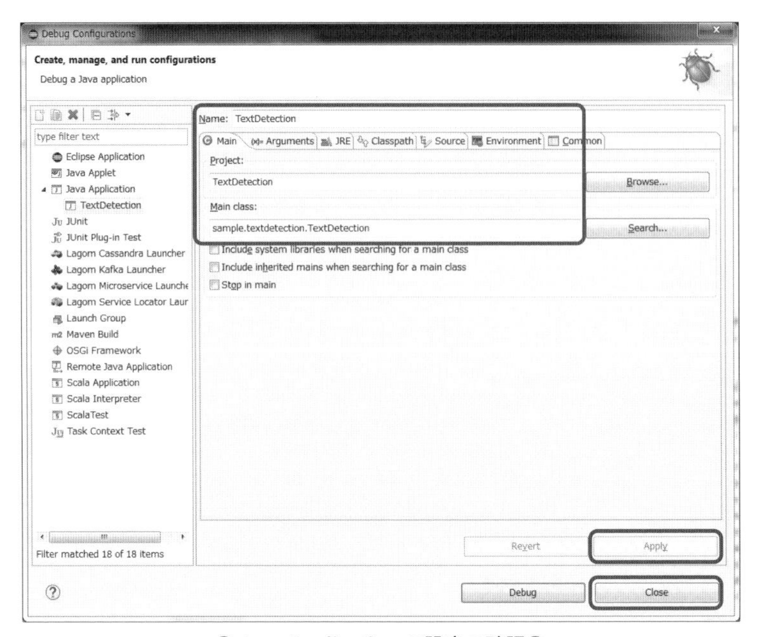

● Java Application の設定の確認●

Eclipse 上の Package Explorer から「TextDetection」プロジェクトを選択し、右クリックメニューから「Export」→「Java」→「Runnable JAR file」を選択し、「Next >」をクリックします。

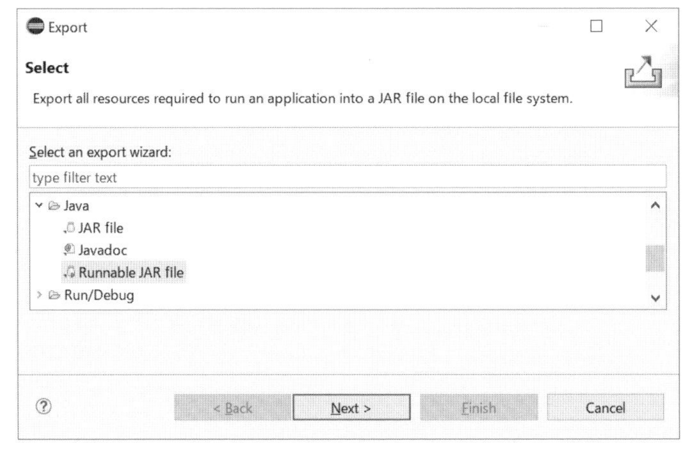

● Export 画面●

次の画面で、「Launch configuration」のリストボックスから、「TextDetection - TextDetection」を選択し、JAR ファイルの出力先（ファイル名含む）を指定し、「Finish」をクリックします。下は出力するフォルダを「Desktop」、JAR ファイル名を「textdetection.jar」としています。

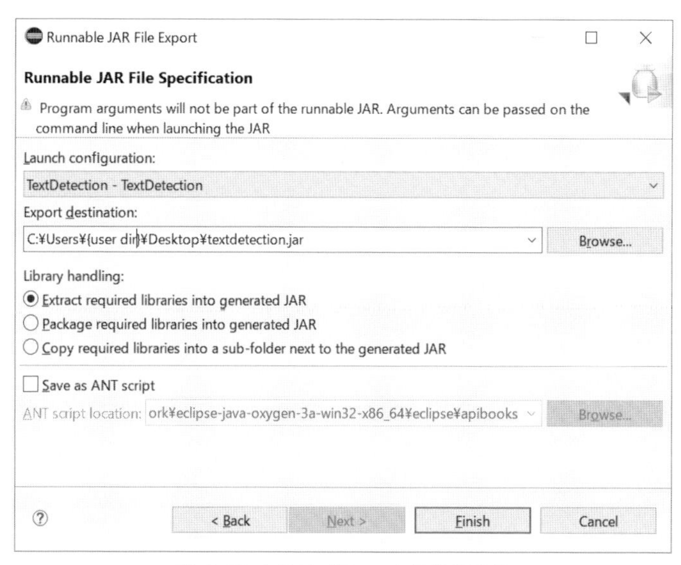

●メインクラス／Export 先を指定●

「Finish」をクリックした後、以下の警告が出る場合は、それぞれ「OK」ボタンをクリックし、続行してください。

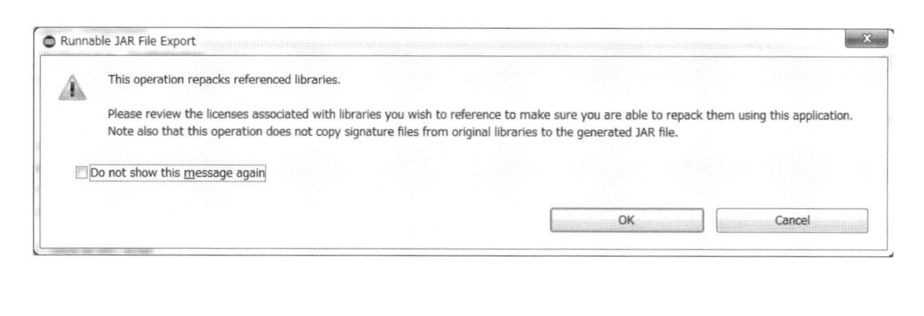

Runnable JAR File Export

JAR export finished with warnings. See details for additional information.

OK　Details >>

●警告●

指定した出力先フォルダに「textdetection.jar」が作成されます。

●作成された JAR ファイル●

次に、この JAR ファイルを実行します。

ここでは、必ず、コマンドプロンプトを「管理者として実行」で起動してください。これは次のようにするなどして行います。

Windows のタスクバーにある「ここに入力して検索」に「cmd」と入力のうえ実行し、現れたコマンドプロンプトのアイコンを右クリックして、「管理者として実行」をクリックします。

さて、すでに Windows（C:）のフォルダ内に、viii ページの記載に沿ってダウンロードしていただいた samples フォルダが置かれていると思います。

まずこの中に、いま作成された textdetection.jar を移します。

次に、「管理者として実行」したコマンドプロンプトへ以下のコマンドを入力し、実行します。

```
C:¥> java-jarC:¥samples¥textdetection.jarC:¥samples¥imgC:¥samples¥templ
ate¥Result.xlsx
```

なお、このコマンドによる指定内容は以下のとおりです。

- C 直下にある samples フォルダ内の Jar ファイル「textdetection.jar」を実行。
  C:¥samples¥textdetection.jar
- C 直下にある samples フォルダ→ img フォルダ内にある答案用紙画像のフォルダを読み込む。
  C:¥samples¥img
- C 直下にある samples フォルダ→ template フォルダ内に Excel のファイルを作成し、採点結果を書き込む
  C:¥samples¥template¥Result.xlsx

以下は、実行結果の Excel です。ファイル名は上書きされますので、そのつど変更するとよいでしょう。

●アプリケーションの実行結果よりつくられた Ecel ファイル●

この jar ファイルを実際に利用する際は、コピー機のスキャナ等を利用し、答案用紙の画像ファイル（jpeg 形式）を用意し、img フォルダに入れます。

参　考

https://cloud.google.com/vision/docs/?hl=ja
https://developers.freee.co.jp/entry/2017/12/10/001258
https://qiita.com/keki/items/e5b82c6b4c28d3f00b72
https://syncer.jp/cloud-vision-api
https://www.magellanic-clouds.com/blocks/example/monitoring/gc-vapi/
https://qiita.com/livlea/items/a853c374d6d91b33f5fe
https://www.ht.sfc.keio.ac.jp/~takuro/blog/files/9a750dbb61e7e93522e7d214b285f25e-8.html
https://dev.classmethod.jp/smartphone/avfoundation-opencv-findcontours/
http://playwithopencv.blogspot.com/2013/02/opencv-java.html
https://qiita.com/cfiken/items/44b364b951b605f1e919

シーン２

会話による健康管理サポート：音声操作アプリケーションの活用

背　景

娯楽（ゲームやSNS）やビジネス（コミュニケーションツールや会計ソフト）、日々の活動（電車のダイヤの確認やレシピの検索）など、いまや社会のあらゆる場面でアプリケーションが活用されています。

その理由はスマートフォンの普及ですが、いわゆる「歩きスマホ」による接触事故が問題となっています。また、料理中や手袋をしているなど、手が使えない状況では使いづらいという課題もあります。

これらの課題の原因は、アプリケーションの多くが画面を手で操作して、表示された情報を目で見ることを前提にしている点にあります。

これを解決する案の１つとして、音声操作があります。

スマートフォンやスマートスピーカーに搭載されて注目された音声アシスタントは、音声で操作するアプリケーションです。アプリケーションにしてほしいことを音声で指示すると、結果が音声で返ってきます。そのため、視線を向ける必要がなく、手もふさがりません。先にあげた「歩きスマホ」をしていても前を見ていられますし、料理中に次の手順を読み上げさせたり、運転しながら聞いている音楽を変更したりもできます。

一方、高齢者からは「操作が難しくて覚えられなさそう」「いまのままで困っていない」という意見も多く、スマートフォンの普及率は、年齢が上がるにつれて下がります。対して、音声操作アプリケーションでは、必要な操作は話しかけるだけなので、このような人々への普及にもつながると考えられます。

また、被介護者には高齢者が多いので、高齢者自らがアプリケーションを使用して食事の内容を記録するようになれば、介護者不足の問題を解決することも期待できます。

ここでは、音声操作アプリケーションの活用シーンとして、**食事記録アプリ**を作成します。

本書では記録した内容の活用は扱いませんが、摂取カロリーや栄養素の不足を調べて、追加で食べてよい食材をお知らせしたり、食事の内容から冷蔵庫にある食材の不足を予測して自動で買い物提案をしたり、食事の嗜好性から病気のリスクを予測したりするアプリケーションなどへ発展させてみてください。

●食事記録アプリの利用イメージ●

アプリの動き

アプリの動きは次ページの図のとおりです。

- 食事記録アプリ：今回作成するアプリケーションの本体で、Actions on Google 上のプロジェクトです。
- Google Assistant：Google が開発した会話アシスタントアプリケーションです。スマートフォンを音声で操作したり、ほかのさまざまなアプリケーションを起動したりできます。ユーザーと食事記録アプリの会話を中継します。
- Actions on Google：Google Assistant と連携するアプリケーションを開発するためのプラットフォームです。ユーザーから受けた要求を実現できるアプリケーションを探して、起動させる役割をもちます。
- Dialogflow：言語解析エンジンです。Google Assistant 以外に、LINE や Twitter などとも連携できます。Intent とよばれる単位で会話を設計・実装する Web 上の開発環境でもあります。

- Firebase：アプリケーションのロジックを動作させるサーバや、処理結果を格納するデータベース（Firestore）などを提供します。

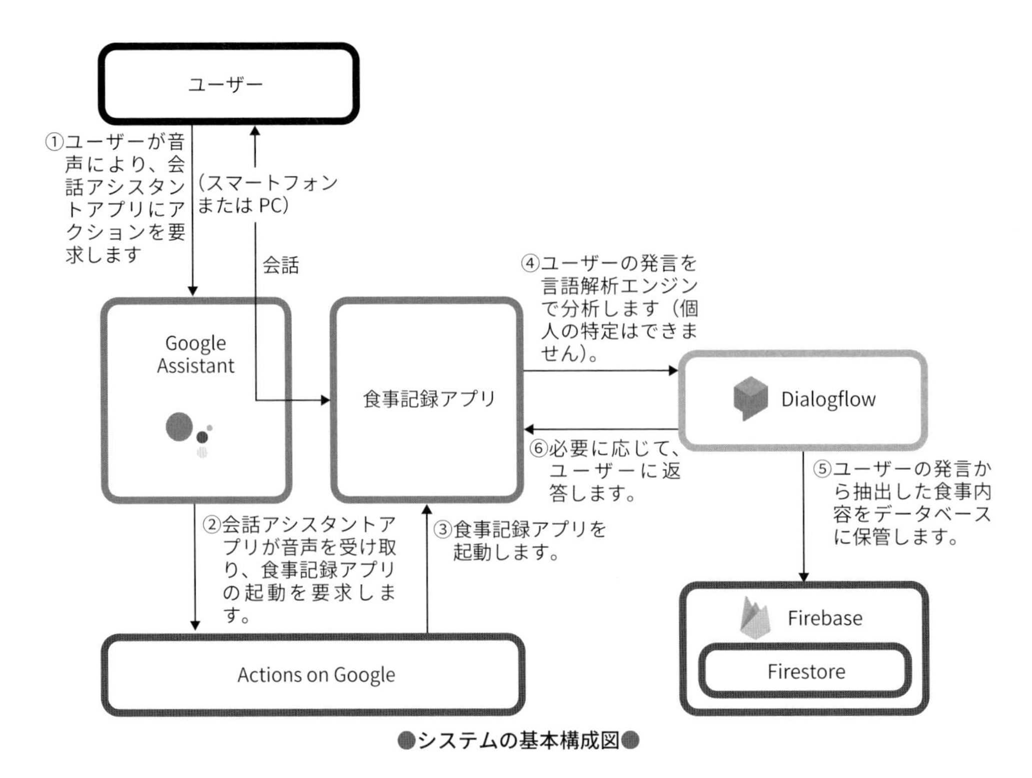

●システムの基本構成図●

Dialogflowには、IntentとEntity、Fulfillmentという3つの要素があります。そして、この3要素をまとめるエージェントが存在します。

- **エージェント**
  アプリケーションの対応言語を設定します。エージェントを複数作成することで、多言語にも対応できます。
- Intent
  ユーザーの発言とアプリケーションの応答をひもづける設定のことです。どの発言に、どのように応答するかを定義し、処理に必要な情報を抽出します。なお、エージェントを作成すると、2つの特殊なIntentが自動で作成されます。
  - Default Fallback Intent
    ユーザーの発言が想定したものではなかった場合の返答を定義しています。このときの返答パターンもデフォルトで入力されています。
  - Default Welcome Intent
    アプリケーション起動時の発言内容です。こちらもいくつかのパターンがデフォルトで

入力されています。しかし、アプリケーションができることを明確にユーザーに示さないと、誤認識が増えてしまいます。そのため、あいさつ、名乗り、最初の質問などに書き換えて利用することがほとんどです。

- **Entity**
  ユーザーの発言から抜き出す情報を識別するための、「言葉の種別」を表す設定のことです。デフォルトで、「数」や「地名」などが用意されています。アプリケーションの処理に必要な種別が用意されていない場合は自分で追加できます。
- **Fulfillment**
  アプリケーションのロジックです。抽出した情報を保存したり、時間や処理結果によって返答を変えたりする処理を実装できます。

執筆環境　（ ）内はバージョン

- OS（Windows 10 Home 64-bit）
- Dialogflow（API v2）
- Firestore（ベータ）
- JavaScript
- Firebase CLI（7.2.2）
- Node.js（10.16.2）
- npm（6.4.1）
- Google Chrome ブラウザ（75.0.3770.142）
- UTF-8 対応のテキストエディタ（terapad やサクラエディタ）

ダウンロード URL

viii ページ参照。

環境構築

Google アカウントの作成

本シーンで開発するサンプルアプリケーションは、Google のサービスを利用しているため Google アカウントが必要です。Google アカウントの作成手順を説明します[※1]。

すでに Google アカウントをお持ちの方は読み飛ばしてください。

※1　一般に、開発向け／個人向け／業務利用向けなどの利用形態により、それぞれのライセンスの内容は異なります。したがって、利用にあたっては、各アカウントの規定に正しく準拠することが求められます。また、本シーンで解説している手順・画面等は予告なしに変更される場合があります。

① Google アカウント作成ページにアクセスします。

https://accounts.google.com/

②「アカウントを作成」をクリックします。

● Google アカウント作成画面●

③ 名前と、取得したいメールアドレス、パスワードを入力します。

④ 再設定用のメールアドレス、生年月日、性別等を入力します。

⑤ プライバシーと利用規約に同意します。

以上で Google アカウントが作成されます。

続いて、Dialogflow アプリケーションを開発する Dialogflow 開発環境の構築手順を紹介します。

Node.js インストール手順

① Node.js 公式サイトにアクセスします※2。

https://nodejs.org/ja/　　（2019 年 11 月現在）

② 推奨版のインストーラをダウンロードします。
ページトップには、このサイトにアクセスした PC に適したインストーラが表示されます（もし異なる場合は「他のバージョン」から選択してください）。

● Node.js 公式サイト●

③ インストーラを実行します。
ダウンロードしたインストーラを実行し、「Next」ボタンをクリックします。

●インストール準備が完了した状態の画面●

※２　本シーンの内容は、バージョン 10.16.2 で動作確認しています。過去のバージョンのインストーラは、https://nodejs.org/ja/download/releases からダウンロードできます。

④ 利用規約を確認し、同意します。

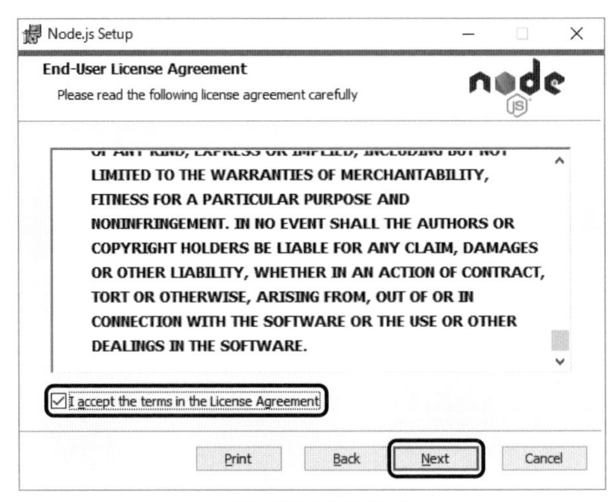

●利用規約同意画面●

⑤ インストール先フォルダは変更せずに、次へ進みます。

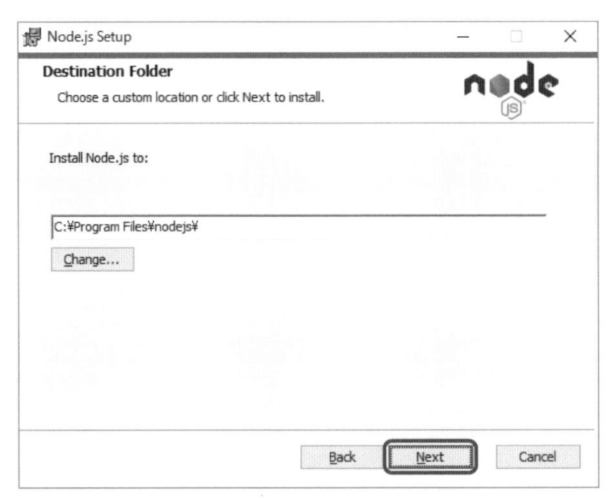

●インストール先選択画面●

⑥ インストールするコンポーネントも変更せずに、次へ進みます。

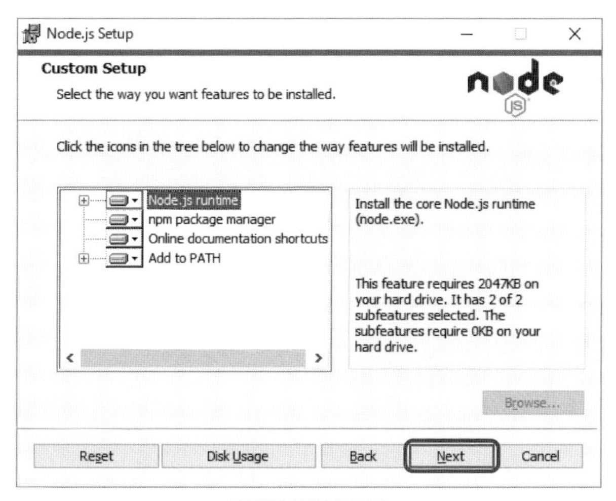

●機能選択画面●

⑦ チェックを入れずに進みます。

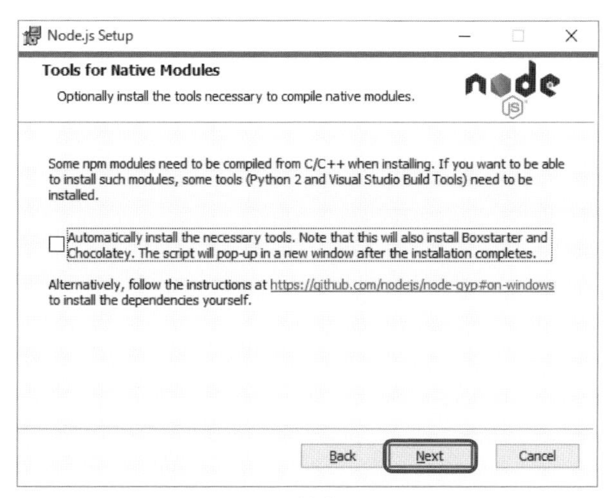

●インストール機能の確認画面●

⑧ インストールを実行します。

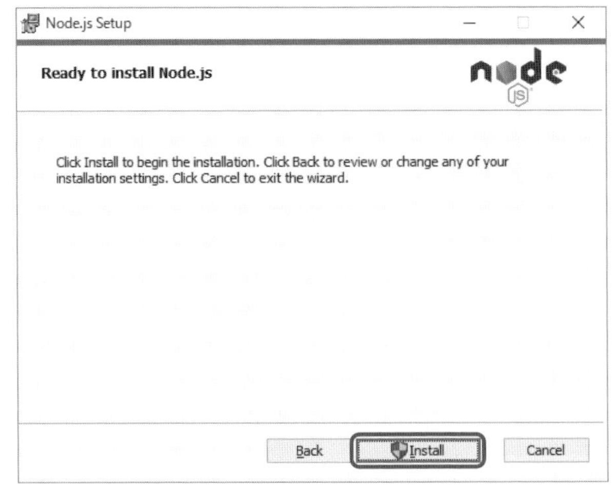

●インストール最終確認画面●

インストールが終わったら、「Finish」をクリックします。

⑨ 動作確認します。

Windowsキーを押しながらRキーを押して、「ファイルを指定して実行」ダイアログの中で「cmd」と入力して、コマンドプロンプトを起動し、以下のコマンドを実行します。

```
C:> npm -v
```

「6.9.0」[※3]のように、バージョン番号が表示されれば、インストールは成功しています。

Firebase CLIのインストール手順

「Node.jsのインストール手順」に成功したら、Firebase CLIクライアントをインストールします。

① Firebase CLIをインストールします。

先ほど起動したコマンドプロンプトで以下のコマンドを実行します。

```
C:¥> npm install -g firebase-tools
```

※3　ダウンロードしたNode.jsのバージョンによって変わる可能性があります。

■インストール成功例■

```
C:¥Users¥xxx¥AppData¥Roaming¥npm¥firebase -> C:¥Users¥xxx¥
AppData¥Roaming¥npm¥node_modules¥firebase-tools¥bin¥firebase
+ firebase-tools@1.2.2
added 13 packages, removed 9 packages and updated 35 packages
in 51.319s
```

インストールに成功すると firebase コマンドが使用可能になります。インストールに失敗する場合、https://docs.npmjs.com/getting-started/troubleshooting（英語）を参照して権限を修正してください。

② Firebase に、Google アカウントでログインします。

```
C:¥> firebase login --interactive
```

■ Firebase CLI の実行確認■

```
? Allow Firebase to collect CLI usage and error reporting
information? (Y/n)
```

③ アクセスを許可します。

コマンド実行が成功すると、ブラウザにアカウント選択ページが表示されます。

開発に使用するアカウントを選択して、Firebase CLI に Google アカウントへのアクセスを許可します。

ブラウザ上で許可を与えると、ブラウザとコマンドプロンプトでログイン成功と表示されます。

Step1　Actions プロジェクトの作成

Actions on Google で Actions プロジェクト（今回は MealRecorder プロジェクト）を作成します。

Actions プロジェクトでは、アプリケーション名や対応言語、アプリケーション公開時の説明文などを設定します。なお、テストやリリースなどの開発に使用する機能や、アクセス解析サービスもここから利用できます。

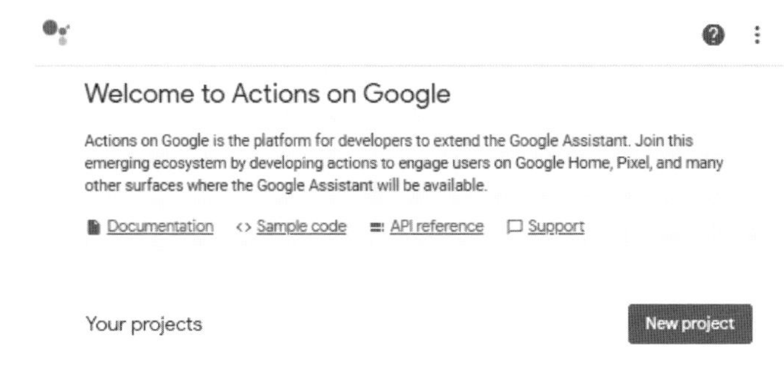

●Actions on Google Developer Console の画面●

① Actions on Google Developer Console（http://console.actions.google.com/、2019 年 11 月現在）にアクセスします。
　139 ページで作成した Google アカウントでログインされていない場合、ログインします。

②「New project」をクリックします。
　規約への同意を求めるダイアログが表示されたら、「Yes」を選択して、そのほかは「Yes」または「No」を選択して、最後に「Agree and continue」をクリックします。

③ 表示された New project ダイアログに、以下のプロジェクトの基本情報を入力し、「Creat project」をクリックします。

- Project Name※4　：MealRecorder
- Language　：Japanese
- Country/region　：Japan

④ アプリケーションのカテゴリを選択します。
　「Health & fitness」をクリックします。

※4　Project Name、カテゴリは、ほかの値を指定しても問題ありません。

⑤ アプリケーションの起動ワードを入力します。

画面上部のメニューの「Develop」をクリックします。メニューが表示されていない場合、ページ左上のボタン ☰ をクリックした後、「Overview」をクリックします。

「Display Name」に読者ご自身で考案した名前を入力します。

⑥「Save」をクリックして設定を保存します。

「Save」の下に「Invocation details saved successfully」と出れば、登録完了です。

一方、以下のようなエラーメッセージが表示されたら、別の名前を考えて入力してください。そうしないと、以降のシミュレータでのテストに失敗する可能性があります。

Display name

Display name is publicly displayed in the Actions directory. Users say or type the display name to begin interacting with your Actions. For example, if the display name is Dr. Music, users can say "Hey Google, Dr. Musicにつないで", or type "Dr. Musicにつないで" to invoke the Actions.

食事の記録

Could not reserve your pronunciation '食事の記録' because: Your display name's pronunciation is already reserved by another Action. If you need further guidance, please contact support.

● DisplayName の設定エラー●

「Display Name」は、あとで Google Assistant からこのアプリケーションを呼び出すときの名前になります。そのため、公開されているアプリケーションと同じ名称だと、エラーメッセージが表示されるようです。

Step2　Dialogflow エージェントの作成

続いて、以下の手順で、Dialogflow の日本語エージェントを作成します。

① ページ左上の ☰ をクリックして、次に出てきた「Actions」をクリックしてアクションページを表示します。

●アクションページ●

②「Add your first action」をクリックします。

③「Custom intent」→「BUILD」をクリックします。

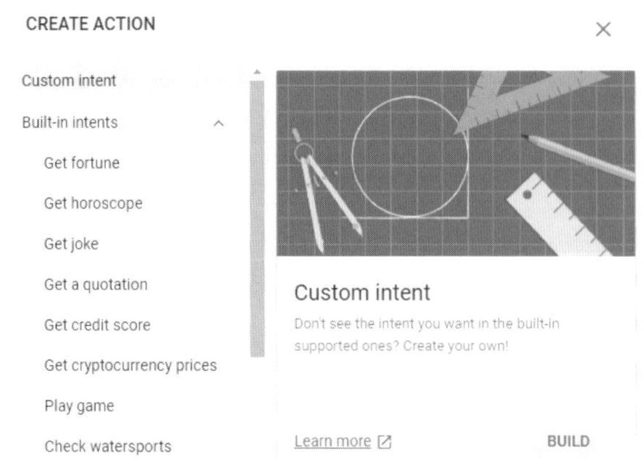

●アクション作成画面●

④ Google アカウントへのアクセスを Dialogflow に許可します。

初めて Dialogflow と Actions プロジェクトを連携させる場合、アクセス許可を与える必要があります。

(a) 右上の「Sign in」をクリックして、Dialogflow がアクセスする Google アカウントを選択します。

(b) Dialogflow が求めている情報を確認のうえ「許可」をクリックします。

(c) 利用規約に同意するチェックボックスを ON にして、「ACCEPT」をクリックします。

次の Dialogflow エージェント作成ページが表示されれば、アクセス設定は完了です。

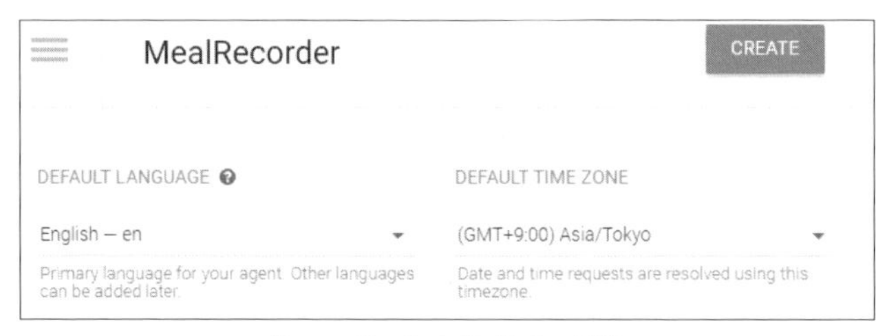

●エージェント作成ページ●

⑤「DEFAULT LANGUAGE」に「Japanese - ja」を選択して「CREATE」をクリックします。

エラーページが表示されてしまった場合、手順③からやり直してください。

Step3　会話設計

さて、いったんPCの操作から離れて、アプリケーションの設定として、ユーザーとアプリケーションの間でどのように会話を進めるのかを考えましょう。

ハッピーパスと、もう1つ別の会話例を考えてみます。

ここで、**ハッピーパス**とは、ユーザーの目的を達成できる最短の会話例（音声操作例）です。もう1つの会話例は、期待した返答がユーザーから得られないときに、問い直す例とします。

このように、実際にアプリケーションを開発する際には、ユーザーがストレスなくアプリケーションを利用できるように、ハッピーパスとは別の会話パターン、会話の終わり方、キャンセルのしかたなどを考えます※5。

また、会話の構成は、「起動時のメッセージ」「ユーザーの発言とその応答」「終了時のメッセージ」に大別できます。

「起動時のメッセージ」は、要求をどのように伝えてほしいのか（どのように伝えてもらうとアプリケーションが理解できるのか）を、ユーザーが理解できるよう、心がけます。

「ユーザーの発言とその応答」では、ユーザーが答えやすい言葉、実際に使いそうな言葉を想像して会話の内容を考えます。

「終了時のメッセージ」では、処理した内容を伝えるようにします。

〔ハッピーパスの例〕

ユーザー　　　　　　：OK Google※6　○○（Step 1で設定した名前）につないで
アプリケーション：こんにちは。何を何グラム食べたか、ひとつずつ教えてください
ユーザー　　　　　　：ごはん100グラム
アプリケーション：ごはんを100グラムですね。ほかには何か食べましたか？
ユーザー　　　　　　：焼き鮭を50グラム食べたよ
アプリケーション：焼き鮭を50グラムですね。ほかには何か食べましたか？
ユーザー　　　　　　：これで全部だよ
アプリケーション：食事の内容を記録しました。また何か食べたら教えてください.

※5　詳しくは、Actions on Google公式の会話アプリケーションのデザインガイドラインを参照してください。
https://designguidelines.withgoogle.com/conversation/conversation-design/welcome.html

※6　OK Googleは、Google Assistantを起動するための言葉（**ウェイクワード**〔wake word〕）です。「○○につないで」は、先ほどつけた名前が○○に入り、本アプリを起動するコマンドになります。

〔問い直す会話の例〕

ユーザー　　　　　：OK Google　○○につないで
アプリケーション：こんにちは。何を何グラム食べたか、ひとつずつ教えてください
ユーザー　　　　　：ごはんを食べた
アプリケーション：ごはんを何グラム食べましたか？
ユーザー　　　　　：100グラム
アプリケーション：ごはんを100グラムですね。ほかには何か食べましたか？
ユーザー　　　　　：これで全部だよ
アプリケーション：食事の内容を記録しました。また何か食べたら教えてください

Step4　会話の実装①（起動時のメッセージ）

それでは、Step3で設計したハッピーパスの会話をDialogflowエージェントのIntentとして実装します。Step2の最後のPCの画面に戻ります。

まず、アプリケーション起動時のメッセージを「Default Welcome Intent」に定義します。

① 起動時に呼び出されるIntentを選択します。
Intentの一覧から「Default Welcome Intent」をクリックします（Intent一覧が表示されていない場合、左側のメニューの「Intents」をクリックして表示してください）。

②「Responses」セクションに、起動時のメッセージを入力します。
（a）デフォルトで入力されている「こんにちは！」を削除します。
（b）Step3の起動時のメッセージを入力します。
「こんにちは。何を何グラム食べたか、ひとつずつ教えてください」

●アプリケーションの起動時のメッセージを定義●

③ ページ上部の「SAVE」をクリックして保存します。

Step5 会話の実装②（聞き取る内容の登録）

① 食事の内容を聞き取るIntentを作成します。

(a) ページ左側のメニューボタン☰をクリックして、「Intents」の「＋」をクリックします。

(b) 上の「Intent name」に「食事内容の聞き取り」と入力します。

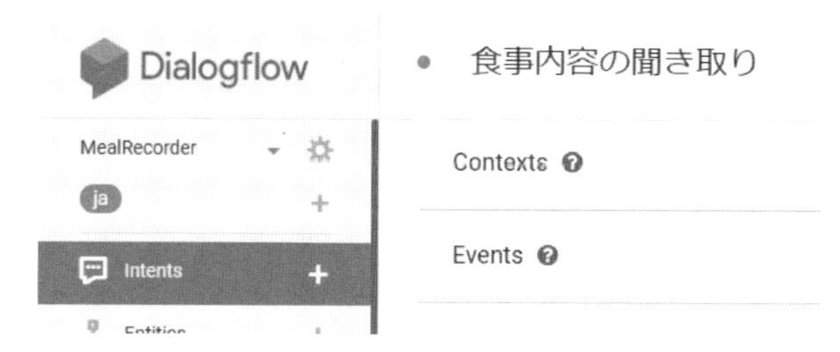

●新しいIntentの作成●

② 聞き取る内容と、その中で値となる情報を登録します。

(a)「Training phrases」セクションの「ADD TRAINING PHRASES」をクリックします。
表示されているテキストエリアに、聞き取る内容としてStep3で考えたハッピーパスの返答を入力します。
例：「ごはん100グラム」

(b) Enterキーを押して確定します。
すると、次のようにいくつかのパラメータが自動で抽出され、設定されます。

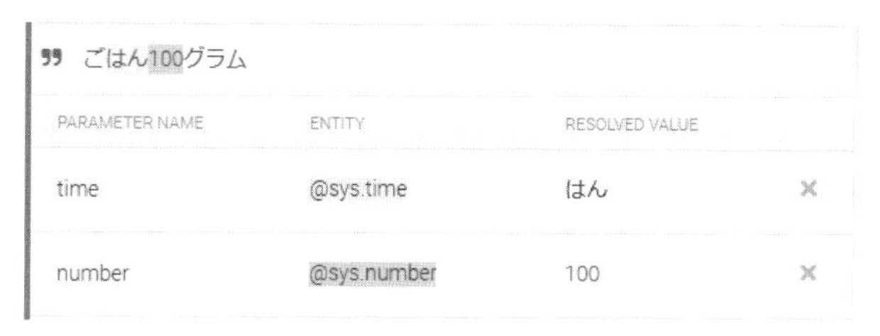

●自動判別されたパラメータ●

Step6　会話の実装③（聞き取った内容からの情報抽出）

聞き取った内容を、処理（Step13（164ページ）以降で詳述）で利用するために、パラメータを修正します。パラメータは、任意の語に設定できます。

①「ごはん」をパラメータにします。
色のついた箇所にマウスポインタを当てると青いハンドルが表示されます。
認識したい語（ごはん）になるようにハンドルをドラッグします。

●語の範囲を修正●

②「PARAMETER NAME」を下の図のように「food」にします。
③ その横の　「ENTITY」で、「@sys.any」（「任意の語」の意味）を選択します。

PARAMETER NAME	ENTITY	RESOLVED VALUE
food	@sys.any	ごはん
number	@sys.number	100

●修正後のパラメータ●

「number」は自動で設定された内容で正しいため、そのままにします。

Step7　会話の実装④（聞き取った内容への応答）

引き続き、聞き取った内容に応答するメッセージを定義します。

① 応答メッセージを有効にします。
画面を下にスクロールして「Responses」セクションの「ADD RESPONSE」をクリックします。

② 応答メッセージを指定します。
「Text Response」とある下のテキストボックスに以下の応答メッセージを入力します。
「$food を $number グラムですね。ほかには何か食べましたか？」
このように応答メッセージ内に”$”+「PARAMETER NAME」を入力すると、聞き取った内容から、該当する語に置き換えて応答してくれます。
注意：「$xxx」の前後には半角スペースを入れてください。

●応答メッセージを入力●

③ 内容を保存します。
ページ上部の「SAVE」をクリックします。

Step8 会話の実装⑤（聞き取る内容パターンの追加）

ここまでの内容で一度、テストしてみましょう※7。

アプリケーションが正しく起動し、実際の音声に対して、正しく応答メッセージを返すことを確認します。その後、聞き取れる入力音声パターンを増やしましょう。

① シミュレーションページを表示します。

ページ右側の、「See how it works in Google Assistant.」をクリックして、シミュレーションページを表示します。

●シミュレーション画面●

② アプリケーションを起動します。

「Suggested input」の下の「○○（Step 1 で設定した名前）につないで」をクリックします。

③ Step3 で設計したユーザー側のテキストを入力します。

つまり、アプリケーションの起動メッセージの後で、「ごはん 100 グラム」「ステーキ 200 グラム」などと入力してみてください。

前ページの Step7 で定義したとおり、食べたものや量が表示され、続いて「ほかに何か

※7　本書執筆時点の Dialogflow アプリケーションは、音声でテストすると、「グラム」が「g」に翻訳されてしまい、正しく発言内容が認識されません。
この問題に対応するには、以下の２つの方法が考えられます。
1. テストをテキスト入力で行う。
2. Intent を修正し、「グラム」を「g」にしたパターンを追加する（次ステップ参照）。

食べましたか？」とメッセージが表示されたら成功です。

④ 少し異なるテキストではどうなるかを確認し、Intent を更新します。
試しに「ごはんを 100 グラム」のように、助詞「を」を入れて入力してみてください。するとアプリケーションの応答メッセージが「ごはんを を 100 グラムですね」となってしまいます。
これは、Step6 で指定した「@sys.any」の適用範囲が広いためです。数字の前までの語がすべて食べ物の名前だと判断されています。
改善するために、いったん Dialogflow の画面に戻ります。そして、「Intents」中の「食事内容の聞き取り」をクリックして、「Training phrases」のところに「ごはんを 100 グラム」というテキストを追加しましょう。
次に、152 ページと同じように「ごはん」を選択してクリックすると、先ほど定義した型と名称の組み合わせが表示されるので、これを選択します。

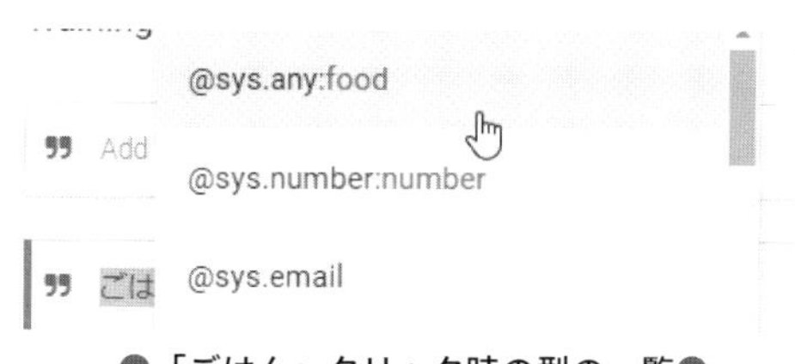

●「ごはん」クリック時の型の一覧●

ここまでで保存して、Test ページで再確認しましょう。なお、変更した Intent を保存すると、自動的に Test ページも更新されるので、シミュレーションページを開き直す必要はありません。

⑤ さらに聞き取る内容を登録します。
ほかにも、ユーザーがいいそうな内容を登録し、正しく認識されない場合があれば、上と同様にテキストを追加します。
聞き取る内容が多いほど認識の失敗が減るので、ユーザーのストレスを軽減できます。ただし、このアプリケーションは、Google の機械学習によって自動的に学習が進むため、ありとあらゆるパターンを入力しておく必要はありません。

⑥ "cancel" と入力して会話テストを終了します。
まだ会話の終了方法を定義していないため、"cancel" 以外の発言では終了できません（Step 10 で会話の終了を定義します）。

スマートフォンからのテスト実行　COLUMN

前ページまでの Step8 では、Dialogflow が提供しているシミュレーションページで動作確認を行いました。ここでは、スマートフォンから動作確認する方法を紹介します。

スマートフォンから動作確認を行う場合に、追加で用意するものは、Google Assistant がインストールされているスマートフォンです（最近の Android 端末であれば、購入時にプリインストールされていると思います。iOS の場合は AppStore から「Google Assistant」で検索して入手してください）。

〔アプリケーションの起動方法〕

① Step2 で選択したものと同じアカウントでログインします。
　ログイン方法は、端末や Android のバージョンによって異なるため、詳細は省きますが、「設定」→「アカウント」→「アカウントを追加」といった手順になります。

② Google Assistant を起動します。
　たとえば、スマートフォンの Home ボタンを長押しします。

③「〇〇につないで」と音声で指示するか、テキストで入力します。
　そして、サードパーティ製アプリの利用に関する警告が表示された場合、承諾します。

後は、Step8 同様にスマートフォンでアプリを利用できますので、動作確認も可能です。

Step9　会話の実装⑥（Entity のカスタマイズ）

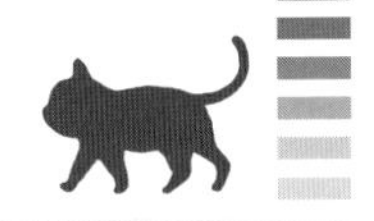

ここまで実装してきた食事記録アプリにマイクから音声入力すると、「グラム」が「G」と認識されてしまい、うまく記録できません。

これを改善するため、Entity をカスタマイズします。

① Dialogflow の Entity 作成画面に移動します。
　ページ左上のボタン☰をクリックして、「Entities」の「＋」をクリックします。

② Entity name に「unit」と入力します。

③ メインの語を入力します。
　「Separate synonyms by pressing the enter, tab or ; key.」とある下の空欄をクリックします。
　次に、「Enter reference value」とあるところに「グラム」と入力します。

●単位 Entity の作成例●

④ 同義語を入力します。

「Enter synonym」に、「g」と入力します。

⑤ 画面右上の「SAVE」をクリックします。

⑥ Intent 設定ページに戻ります。

ページ左上のボタン☰をクリックして、「Intents」をクリックします。一覧から「食事内容の聞き取り」をクリックします。

⑦ 作成した Entity をフレーズに設定します。

「Training phrases」に「ステーキを 100 グラム」を追加します。認識したい語「グラム」の「ENTITY」に「@Unit」を設定します。

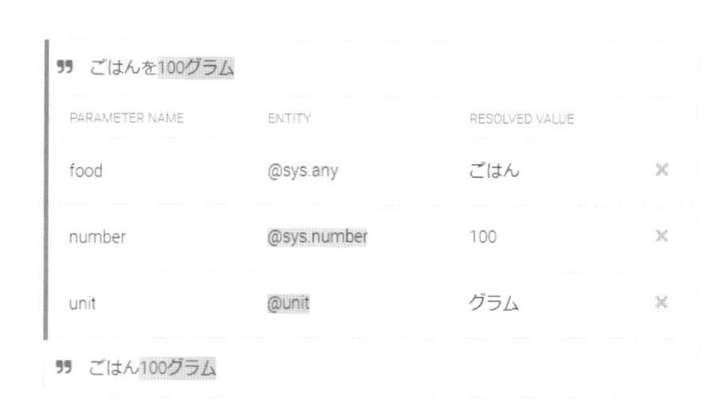

●カスタム Entity の設定例●

Step10 会話の実装⑦（終了時のメッセージ）

会話を終了させるIntentを作成します。

①「記録の終了」Intentを作成します。
151ページの「食事内容の聞き取り」と同様の手順で「記録の終了」を作成します。
「Training phrases」に、食事内容をすべていい終わったときに、ユーザーがいいそうな言葉を登録しましょう。
例：「いいえ」「ううん」「ない」「ありません」「ほかにはない」「これで全部」「以上」

② 終了メッセージを指定します。
「Responses」の下のテキストボックスに「食事の内容を記録しました。また何か食べたら教えてください。」と入れます。

③ このIntentを会話終了のIntentに設定します。
「Responses」の下にある「Set this intent as end of conversation」の左の○を右にずらし、ONにします。

●会話の終了メッセージを設定●

④ 右上の「SAVE」をクリックして保存して、Testページで終了の動作確認をします。

上の①で設定した言葉で終了できたでしょうか。

ここまでで、会話によって食事の内容を聞き取り、パラメータとすることができるようになりました。しかし、いまのところ、聞き取った情報は（「記録しました」と応答させていますが）どこにも記録されていません。

次のStepから、食事の内容を保存する処理を実装していきます。

Step11　Firebase プロジェクトの作成

保存処理を実装するプログラムを格納する Firebase プロジェクトを作成します。

注意：この Step はコマンドプロンプトで実行してください。
また、事前に 144 ～ 145 ページに沿って Firebase CLI をインストールしてから実行してください。

① プロジェクトフォルダを作成します。
コマンドプロンプトを起動し、以下のコマンドを実行してください。

```
C:¥> mkdir C:¥apibook¥MealRecorder
C:¥> cd C:¥apibook¥MealRecorder
```

② Firebase プロジェクトを作成します。
続けて、以下のコマンドを実行してください。

```
C:¥apibook¥MealRecorder> firebase init
```

「? Are you ready to proceed? (Y/n)」と表示されたら、「y」（大文字でも小文字でも可）と入力して Enter キーを押してください。

③ プロジェクトで使用する機能を選択します。

カーソルキーの↓を使って「Functions」を選択して、スペースキーを押して「(　)」の中に「*」を入れたら、Enter キーで決定します。

なお、このアプリケーションでは、食事内容を保存するためにデータベース（Firestore）も使用しますが、選択しません。

■使用する機能の選択■

```
? Which Firebase CLI features do you want to setup for this folder?
 Press Space to select features, then Enter to confirm your choices.
 ( ) Database: Deploy Firebase Realtime Database Rules
 ( ) Firestore: Deploy rules and create indexes for Firestore
>(*) Functions: Configure and deploy Cloud Functions
 ( ) Hosting: Configure and deploy Firebase Hosting sites
 ( ) Storage: Deploy Cloud Storage security rules
```

④ 使用する Actions プロジェクトを選択します。

「? Please select an option: (Use arrow keys)」と表示されたらいちばん上の「Use anexisting project」のまま Enter キーを押し、「mealrecorder-e7886 (MealRecorder)」でもう一度 Enter キーを押します。

「e7886」は、ランダムな値なので、読者には別の値が表示されます。

■連携する Actions プロジェクトの選択■

```
=== Project Setup
First, let's associate this project directory with a Firebase project.
You can create multiple project aliases by running firebase use --add,
but for now we'll just set up a default project.

? Please select an option: (Use arrow keys)
> Use an existing project
  Create a new project
  Add Firebase to an existing Google Cloud Platform project
  Don't set up a default project
```

⑤ 開発言語を選択します。

JavaScriptを選択します。

■開発言語の選択■

```
=== Functions Setup
A functions directory will be created in your project with a Node.js
package pre-configured. Functions can be deployed with firebase deploy.

? What language would you like to use to write Cloud Functions?
> JavaScript
  TypeScript
```

この後、いくつかの質問に「y」（大文字でも小文字でも可）を入れて、「Yes」と回答したら、ライブラリのダウンロードとインストールが終わるまで、しばらく待ちます。
「Firebase initialization complete!」と表示されればインストール成功です。
コマンドプロンプトの画面は閉じてください。

■プロジェクト作成完了時の出力■

```
npm notice created a lockfile as package-lock.json. You should commit
this file.
added 595 packages in 59.645s

i  Writing configuration info to firebase.json...
i  Writing project information to .firebaserc...
i  Writing gitignore file to .gitignore...

+  Firebase initialization complete!
```

以下のようなエラーが発生した場合は、159ページの②から再実行してください。

■プロジェクト作成失敗例■

```
Error: Server Error. connect ETIMEDOUT 104.197.85.31:443
```

Firebase プロジェクトのファイル構成　COLUMN

FIrebase プロジェクト作成直後は、以下のファイル構成になっています。

■ Firebase プロジェクトのファイル構成■

ファイル・フォルダ	説　明
MealRecorder/	プロジェクトのルートフォルダです。 Firebase プロジェクトと連携させた Actions プロジェクトの名称になります。
.firebaserc	Firebase プロジェクトの設定ファイルです。 Firebase プロジェクトとひもづいている Actions プロジェクトの情報が記載されています。
.gitignore	プロジェクトを git でバージョン管理する際に、管理対象外にするファイルを指定する設定ファイルです。
firebase.json	Firebase のアップロード処理が記載されています。
functions/	プログラムを格納するフォルダです。 Firebase サーバにアップロードされます。
node_modules/	Firebase プロジェクトが使用するライブラリを格納するフォルダです。 この中を直接編集することはありません。 npm コマンドを実行すると、設定ファイル（package.json）にしたがってライブラリがインストールされます。
.eslintrc.json	実装したプログラムの検査項目が記載されています。 Firebase にプログラムをアップロードする前の自動検査で使用されます。 プログラムがこの検査に違反している場合はアップロードが中断され、修正を促されます。
.gitignore	プロジェクトを git でバージョン管理する際に、管理対象外にするファイルを指定する設定ファイルです。
index.js	プログラムのメインファイルです。 食事内容を記録する処理を実装します。
package.json	プログラムで使用するライブラリをインストールするための設定ファイルです。 プロジェクトの情報、依存ライブラリ、Firebase で処理を動かすための設定などを記載します。
package-lock.json	package.json にしたがってインストールしたライブラリの一覧です。 ライブラリがさらに依存しているライブラリとそのバージョンも記載されています。

Step12　Node.js 設定ファイルの作成

プログラムで使用するライブラリをインストールするための設定ファイルを修正します。

書き加える、あるいは修正する箇所を下に下線で示します。空白や末尾のカンマの付けまちがいなどに気を付けて修正し、文字コードを「UTF-8」にして保存してください。「メモ帳」以外のテキストエディタ（サクラエディタや terapad）で編集することをおすすめします。

なお、package.json の編集済みのファイルは viii ページを参照してダウンロードできる「samples」フォルダ内にあります。

■ C:¥apibook¥MealRecorder¥functions¥package.json ■

```
1  {
2    "name": "MealRecorder",
3    "description": "You can use 'MealRecorder' to record everyday meal
      contents.",
4    "version": "v0.0.1",
5    "author": "Your name",
6    "scripts": {
7      "lint": "eslint .",
8      "serve": "firebase serve --only functions",
9      "shell": "firebase functions:shell",
10     "start": "npm run shell",
11     "deploy": "firebase deploy --only functions",
12     "logs": "firebase functions:log"
13   },
14   "engines": {
15     "node": "8"
16   },
17   "dependencies": {
18     "actions-on-google": "^2.0.0",
19     "firebase-admin":
20     "firebase-functions":
21   },
22   "devDependencies": {
23     "eslint": "^5.12.0",
24     "eslint-plugin-promise": "^4.0.1",
25     "firebase-functions-test":"^0.1.6"
26   },
27   "private": true
28 }
```

Step13　会話パラメータの取得

ここからStep15までで、会話を保存する処理をindex.jsに実装していきます。

こちらの編集も「メモ帳」以外のテキストエディタを使い、「UTF-8」で保存します。

なお、index.jsの編集済みのファイルはviiiページを参照してダウンロードできる「samples」フォルダ内にあります。

① index.jsファイルを開いて、もとの内容はすべて削除して、以下のコードを記述してください。

■ C:¥apibook¥MealRecorder¥functions¥index.jsの冒頭部分■

```
'use strict';
process.env.DEBUG = 'actions-on-google:*';

/* Dialogflow エージェントを取得します。 */
const {dialogflow} = require('actions-on-google');
const app = dialogflow();

/* Firebase インスタンスを取得します。 */
const functions = require('firebase-functions');
```

解説：

constは、定数を宣言するキーワードです。定数は、一度宣言すると値を変更できないので、決まった値を使うときに使用します。

requireは、ライブラリ機能を利用するための情報を取得するものです。

```
const ＜定数名＞※8 = require(＜ライブラリ名＞);
```

※８　解説中の＜　＞でくくった箇所は、作成者が指定する部分です。

② 聞き取った内容から抽出したパラメータを、次のコードで取得します。
　ここまで記述したら、保存します。

■ index.js 内の対応部分■

```
/* ①で記述したDialogflow、Firebase ライブラリのインスタンスを取得する処理（略）*/

/* 食事内容の聞き取りIntentの処理を実装します。 */
app.intent('食事内容の聞き取り', conv => {
  /* ユーザーの発言から抽出したパラメータを取得します。 */
  let food = conv.parameters['food'];
  let amount = conv.parameters['number'];
/（中略）/
});

/* Fulfillment のデプロイ先を指定します。 */
exports.mealRecorder = functions.https.onRequest(app);
```

解説：

以下により、Dialogflow の Intent が実行されたときに呼び出される処理を定義します。

```
app.intent(<Intent の名称 >, conv => { <Intent の処理内容 > });
```

let は、変数を宣言するキーワードです。定数と異なり、後からほかの値に変更できます。

いまは、会話から抽出したパラメータを格納しています。

Intent で定義したパラメータは、conv の parameters フィールドから、取得します。

パラメータ名[※9]を与えると、ユーザーの発言から抽出した値を取得できます。

```
let <変数名 > = conv.parameters[<Intent で定義したパラメータ名 >];
```

※9　Dialogflow の「Action and parameters」セクションの「PARAMETER NAME」のことです（152 ページ）。

以下のコードで、実装した処理を Firebase が実行できるように公開されます。
「機能名」は、package.json の「name」に指定した値を記述します。大文字・小文字は異なっていても問題ありません。

```
exports.<機能名> = functions.https.onRequest(app);
```

Step14　データベースの作成

食事内容を保存するデータベースを準備します。

① Google アカウントにログインしている状態で、Firebase（https://console.firebase.google.com/）にアクセスします。
②「すべての Firebase プロジェクト」にある「MealRecorder」をクリックします。
③ Firestore データベースを作成します。
左側のメニューから「開発」→「Database」をクリックします。
次に、「Cloud Firestore」の「データベースの作成」をクリックします。

● Firestore の登録画面●

④ データベースへのアクセス権限を設定します。
「Cloud Firestore のセキュリティ保護ルール」※10 の選択画面が表示されます。
ここでは「テストモードで開始」を選択し、「次へ」→「完了」をクリックします。
「データ共有設定の選択」画面が表示されたら、何も変更せずに「続行」→「終了」をクリックします。

※10　セキュリティルールの詳細はこちらを参照してください（2019 年 11 月現在）。
https://firebase.google.com/docs/firestore/security/get-started?authuser=0

保存場所の手動作成方法　COLUMN

Firestore データベースは、コレクションとドキュメントで階層構造をつくってデータを保存します。

本書の手順では、プログラム中のコードで作成しますが、手動でもコレクションとドキュメントを作成できます。

① 前ページと同じ「Database」の中にある「コレクションを開始」をクリックします。
②「コレクション ID」に "users" を入力して「次へ」をクリックします。
③「ドキュメント ID」に "user1" を入力して「保存」をクリックします。

「フィールド」は不要なので何も入力しません。

●最初のコレクションを作成●

Step15　食事内容のデータベースへの保存

① データベースを操作するライブラリのインスタンスを取得するコードを実装します。
index.js をテキストエディタで開き、以下を記述します。

■ index.js 内の対応部分■

```
/* 164ページので記述したDialogflow、Firebaseインスタンスを取得する処理（略） */

/* Firestore インスタンスを取得します。 */
const admin = require('firebase-admin');
admin.initializeApp(functions.config().firebase);
const db = admin.firestore();

/* 165ページの②で記述した食事の内容聞き取りIntentのパラメータ取得処理（略） */
```

② データベースに保存するコードを実装します。

■ index.js 内の対応部分■

```
/* 165ページの①で記述したDialogflow、Firebaseインスタンスを取得する処理（略） */
/* 上の①で記述した、記録するデータベースを準備する処理（略） */

/* 食事の内容聞き取りIntentの処理を実装します。 */
app.intent('食事内容の聞き取り', conv => {
  /* 165ページの②で記述したパラメータを抽出する処理（略） */

  /* 発言をデータベースに保存します。 */
  return db.collection('users').doc('user1').collection('foods').doc().
    set({
      'food': food,
      'amount': amount
  }).then(() => {
    /* 保存が成功したら、次の食事内容を促します。 */
    conv.ask(food + ' ' + amount + 'グラムと記録しました。'
        + 'ほかには何を食べましたか？');
    return 0; /* 'then' required return a value. */
```

```
    }).catch(err => {
      /* 保存に失敗したら、エラー発生を伝えてアプリを終了します。 */
      console.log(err);
      conv.close(err);
    });
  });
```

以上で保存処理は完成です。ここまで書いたら保存します。

解説：

データベースへの保存処理は、以下のコードとなります。

保存先として、Firestoreの構造にしたがって、コレクションとドキュメントを指定します。

collection関数とdoc関数を複数回使用すると、"users/user1/food"のように深い階層を指定できます。

doc関数に引数を指定しない場合、新規ドキュメントに保存します。また、指定したコレクションやドキュメントが存在しない場合も新規に作成します。

保存内容は、JSON形式で指定します。

```
db.collection( <保存先コレクション名> ).doc( <保存先ドキュメント名> )
  .set( <保存内容> )
  .then(() => { <保存が成功した場合の処理> })
  .catch(err => { <保存が失敗した場合の処理> });
```

次のように、ask関数を使うと問いかけ形式の応答メッセージをユーザーに投げかけ、ユーザーからの返答を待ちます。

保存に成功した場合に、次の食事内容を聞き取るために使用しています。

```
conv.ask( <応答メッセージ> );
```

通常、会話の終了は Intent（Step10）で設定しますが、次のように、close 関数を使うと、会話を終了する応答メッセージを出して、会話を終了します。
保存に失敗した場合に、アプリケーションを終了するために使用しています。

```
conv.close( <応答メッセージ> );
```

次のコードでは、アプリケーションのデバッグ情報を出力します。出力内容は、Step18 の 176 ページ（Firebase の場合）で確認できます。

```
console.log( <出力メッセージ> );
```

Step16　プログラムのアップロード

Firebase にアップロードして、アプリケーションから呼び出せるようにします。

① アップロード前処理（プログラムの検査）コマンドを修正します。
手順②以降をコマンドプロンプトで実行するために、「firebase.json」をテキストエディタで開き、「$RESOURCE_DIR」を「%RESOURCE_DIR%」に修正して、保存します。

■ C:¥apibook¥MealRecorder¥firebase.json ■

```
1  {
2    "functions": {
3      "predeploy": [
4        "npm --prefix ¥"%RESOURCE_DIR%¥" run lint"
5      ]
6    }
7  }
```

なお、cygwin、Git bash など、Linux 系のターミナルを使用する場合は、修正せずに次の手順②に進んでください。

② Node.js の依存関係を解決します。

プログラムで使用するライブラリを、以下のコマンドでインストールします。

```
C:¥> cd C:¥apibook¥MealRecorder¥functions
C:¥apibook¥MealRecorder¥functions> npm install
```

package.json に誤りがあると、このコマンドは失敗します。

その場合は、エラーメッセージにしたがって修正して、再度インストールしてください。

③ Firebase にプログラムをアップロードします。

```
C:¥apibook¥MealRecorder¥functions> firebase deploy --only functions
```

プログラムに誤りがある場合、アップロードは失敗します。

その場合は、エラーメッセージにしたがってプログラムを修正して、再度アップロードしてください。

なお、エラー（error）は必ず修正しなければいけませんが、警告（warning）は修正しなくてもアップロードできます。

■エラー例その１　検査エラー■

```
¥apibook¥MealRecorder¥functions¥index.js
  12:7 error Parsing error: Identifier 'functions' has already been declared

1 problem (1 error, 1 warnings)
```

エラーメッセージの構造は、以下のとおりです。

エラーがあったファイルパス
　行位置：文字位置　エラータイトル：エラー内容詳細
エラー数と警告数の内訳

index.js ファイルに誤りがあっても、他のファイルのエラーと表示されることもあります。まったく異なるファイルにエラーが出た場合、index.js に構文エラーが存在する可能性があるので、まずは index.js が正しく記述されているか確認しましょう。
また、以下のエラーメッセージが表示された場合、この手順③を再実行してください。

■エラー例その２　予期しないエラー■

```
Error: An unexpected error has occurred.
```

④ アップロード先 URL を控えます（必須！）。
アップロードに成功すると、「Function URL ※11」が表示されます。次の Step で使用するので、控えておきます。

https://us-central1-< プロジェクト ID>.cloudfunctions.net/< 機能名 >

なお、以下の命名規則になっています。
まちがって「Project console」のほうの URL を控えないように注意してください。

■アップロード成功時のメッセージ■
※　上のほうの URL を保存。

```
...
i  functions: creating function mealRecorder...
i  functions[mealrecorder]: Successful create operation.

Function URL (mealRecorder): https://us-central1-mealRecorder-e7886.
cloudfunctions.net/mealRecorder

+  Deploy complete!

Project Console https://console.firebase.google.com/project/mealReco
rder-e7886/overview
```

※11　Function URL は、初回のアップロード時にのみ表示されるようです。
控え忘れた場合は、命名規則にしたがって入力するか、Firebase の Functions ページで確認して入力してください。

Step17　Fulfillment 処理の登録

実装した保存処理を Dialogflow から呼び出すために、Fulfillment に情報を入力します。
「https://Dialogflow.com」にアクセスして、右上の「Go to console」をクリックします。

① Fulfillment を有効にします。
Dialogflow のページ左側のメニュー☰から「Fulfillment」をクリックします。
Fulfillment ページの「Webhook」を「ENABLED」(「DISABLED」の右の○を右にずらす）にします。
「URL」に、前の Step16 で控えた保存処理の Function URL を入力します。

● Fulfillment の設定●

② 画面最下部の「SAVE」をクリックします。
③ Intent の Fulfillment を有効にします。
ページ左上の☰をクリックして「Intents」を選択して、「食事内容の聞き取り」を開きます。
画面の下のほうにある「Fulfillment」セクションの「Enable webhook call for this intent」の横の○を右にずらし、ON にします。
画面上部の「SAVE」をクリックして保存します。

● Intent の Fulfillment 設定●

これで、「食事内容の聞き取り」Intent から保存処理が呼び出されるようになりました。

Step18　テスト実行

Step8（154 ページ）、または、COLUMN「スマートフォンからのテスト実行」（156 ページ）のいずれかの方法でテストします。

① テストを実行します。

Step8 でテストしたときのメッセージではなく、168 ページで index.js に記述したしたメッセージ（～グラムと記録しました）が表示されれば成功です。

失敗例 1：「「食事内容の聞き取り」Intent に定義したメッセージが返ってくる」

→ Fulfillment が呼び出されていない可能性があります。Step16、Step17 をもれなく実施したか確認してください。

失敗例 2：「アプリケーションが応答しないというメッセージが返ってくる」

→ Fulfillment の実行中にエラーが発生している可能性があります。index.js の文字コードが UTF-8 になっているか、プログラムの誤りがないかなどを確認してください。

●実行中にエラーが発生した場合の応答例●

問題が解決しない場合は、Dialogflow や Firebase のログ（後述）を見て、エラーの詳細を確認しましょう。

プログラムを修正したら、Step16 の②③を実行後、再びテストしましょう。

② Firestore に食事内容が保存されたかを確認します。

Firestore（https://console.firebase.google.com/）にアクセスします。

「MealRecorder」プロジェクトを選択して、左にあるメニューから「Detabase」を開きます。users/user1/foods/ の下にドキュメントが作成され、発言内容が記録されているか確認します。

●データベースの登録内容確認●

以上で、アプリケーションの開発方法をひと通り説明しました。

開発したアプリケーションは、Google に承認されると公開できるようになります。

アプリケーションの公開手順や注意点などは、以下から参照できます（執筆時点では英語で書かれています）。

```
https://developers.google.com/actions/console/publish?hl=ja
```

ログの確認方法

〔Dialogflow の場合〕

Test ページ画面中央の右端にある⋮をクリックすると、ログページへのリンク（View Stackdriver logs）があります。

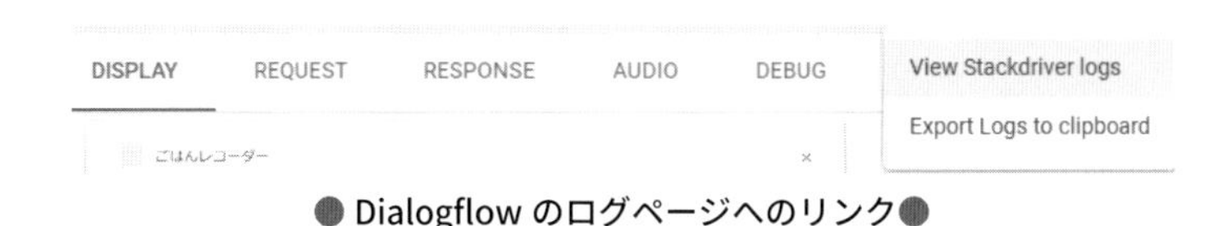

● Dialogflow のログページへのリンク●

エラーアイコン‼が付いたログをみてみましょう。

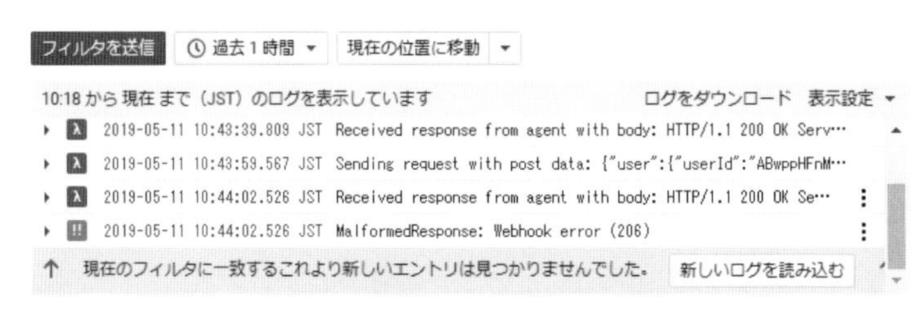

● Dialogflow のログ●

〔Firebase の場合〕

Firebase（https://console.firebase.google.com/）にアクセスし、「MealRecorder」プロジェクトを選択して、左にあるメニューから「Functions」を開きます。

「Functions」ページの中に「ログ」タブがあります。

エラーアイコン⚠が付いたログをみてみましょう。

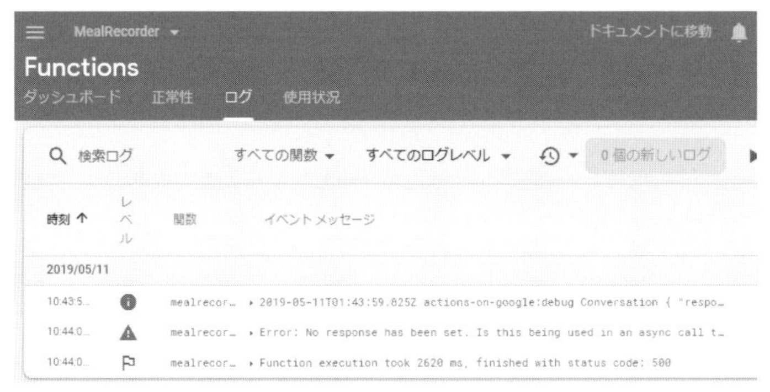

● Firebase のログ●

Dialogflow エージェントのインポート手順 COLUMN

Dialogflow エージェントのインポート手順を説明します。
この手順を実行すると、本シーンの Step4 ～ Step10（150 ～ 158 ページ）は不要になります。

① viii ページの記載にしたがってダウンロードした「samples」を PC の「Windows（C:)」の直下に置きます。この中に、Dialogflow エージェントの設定ファイル（MealRecorder_Agent.zip）があります。
② 本シーンの Step3 まで実行します。
③ ページ左上の☰をクリックして、次に「MealRecorder」の横のボタンをクリックして、Dialogflow エージェントの設定ページを開きます。

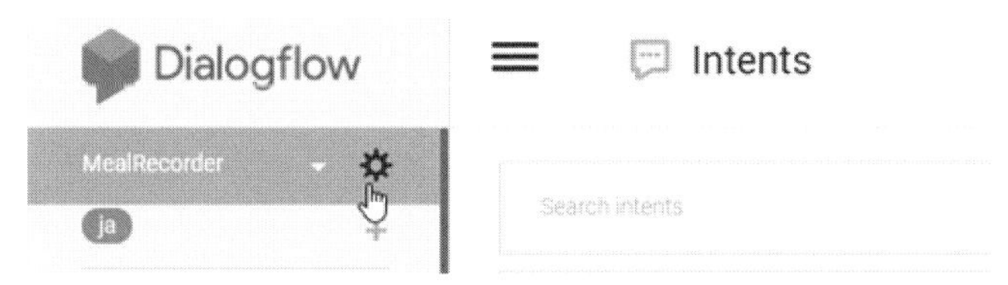

● Dialogflow のトップページ●

④「Export and Import」の「IMPORT FROM ZIP」をクリックします。

● Dialogflow エージェントのインポートページ●

⑤ 枠内に、①でダウンロードした「MealRecorder」をドラッグアンドドロップします。

●インポートファイルの指定●

⑥ 下部に現れるテキストボックス（「Type IMPORT and click the Import button」と薄く書かれている）に「IMPORT」と入力して「IMPORT」ボタンをクリックします。

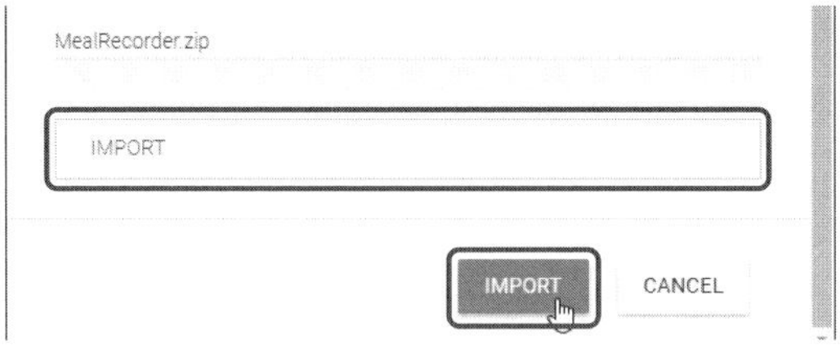

●インポート確定●

⑦「DONE」をクリックします。

参　考

Google Assistant
https://assistant.google.com/intl/ja_jp/
Actions on Google
https://console.actions.google.com/
Dialogflow
https://console.Dialogflow.com/
Firebase
https://console.firebase.google.com/
Node.js クライアントライブラリ
https://firebase.google.com/docs/reference/js/
Firestore の API
https://firebase.google.com/docs/reference/js/firebase.firestore.Firestore
Firebase CLI references
https://firebase.google.com/docs/cli/?authuser=0
Firebase 料金に関する FAQ
https://firebase.google.com/support/faq/?authuser=0#pricing
Dialogflow チュートリアル
https://cloud.google.com/dialogflow/docs/tutorials/?hl=ja
R3 Institute
https://blog.r3it.com/push-to-kintone-by-google-home-4045601a29cf
総務省
http://www.soumu.go.jp/johotsusintokei/whitepaper/ja/h29/html/nc111110.html

索　引

ア　行

カ　行

サ　行

タ　行

ナ　行

ハ　行

〈著者略歴〉

渡辺政彦（わたなべ　まさひこ）

キャッツ株式会社 取締役副社長 最高技術責任者 博士（工学）
九州大学 スマートモビリティ研究開発センター 客員教授
九州工業大学大学院 情報工学部 客員教授
組込みシステム技術協会（JASA）AI技術研究委員会 委員長
好きなことは波乗りと猫。

坂本　伸（さかもと　しん）

キャッツ株式会社 先端研究所 チーフエンジニア
好きなことはダーツと映画。

森嶋晃介（もりしま　こうすけ）

キャッツ株式会社 先端研究所
好きなことはTDD、ゲーム。

柳澤伸紘（やなぎさわ　のぶひろ）

キャッツ株式会社 先端研究所
好きなことは旅行、弓道。

李　乃駒（り　ないく）

キャッツ株式会社 先端研究所 研究員
好きなことは映画鑑賞とトレーニング。

APIではじめる
ディープラーニング・アプリケーション開発
— Google Cloud API 活用入門 —

2020年1月15日　第1版第1刷発行

編　者　キャッツ株式会社
著　者　渡辺政彦・坂本　伸・森嶋晃介
　　　　柳澤伸紘・李　乃駒
発行者　村上和夫
発行所　株式会社 オーム社
　　　　郵便番号　101-8460
　　　　東京都千代田区神田錦町3-1
　　　　電話　03(3233)0641(代表)
　　　　URL　https://www.ohmsha.co.jp/

組版　チューリング　　印刷・製本　壮光舎印刷
ISBN978-4-274-22400-3　Printed in Japan